Rauch

Blut- und Säfte-Reinigung

Milde Ableitungskur

Blut- und Säfte-Reinigung

Milde Ableitungskur

Von Medizinalrat Dr. Erich Rauch

Mit 16 Abbildungen, darunter
8 Farbtafeln von Otto Stefferl, Wien

21., überarbeitete Auflage

HAUG

Karl F. Haug Verlag · Heidelberg

Die Deutsche Bibliothek – CIP-Einheitsaufnahme

Rauch, Erich:
Blut- und Säfte-Reinigung : milde Ableitungskur / von Erich Rauch. Mit 8 Farbtaf. von Otto Stefferl. – 21., überarb. Aufl. – Heidelberg : Haug, 1998
ISBN 3-7760-1678-7

1. Auflage 1965 – 20. Auflage 1994

ISBN 3-7760-1678-7

Lektorat: Dr. Elvira Weißmann-Orzlowski
Umschlaggestaltung: WSP DESIGN, 69120 Heidelberg
Satz: Datascan GmbH, 67346 Speyer
Druck und Verarbeitung: Druckhaus Beltz, 69502 Hemsbach

Von diesem Buch ist folgende fremdsprachige Ausgabe erschienen: Niederländisch (1976)

Inhalt

Teil III

Geleitwort

Vor sieben Jahren erschien erstmals vom Verfasser der vorliegenden Schrift *Die Darmreinigung nach Dr. F. X. Mayr*, ein Buch, das heute mit 40000 Exemplaren, in 9. Auflage und in fremdsprachiger Übersetzung vorliegt[1].

Nachdem ich eingehend dieses Buch und dazu die Arbeiten F. X. Mayrs studiert hatte, unterzog ich mich selbst einer dreiwöchigen Mayr-Kur unter Anleitung des Verfassers dieser Schrift. Nach einem Jahr wiederholte ich die Kur, einmal, weil sie außerordentlich gut ansprach und das hielt, was Dr. Rauch niedergelegt hat, und ein andermal, um zu sehen, wie die Wiederholung der Kur, ebenso genau nach Vorschrift durchgeführt, erlebt wird. Heute bin ich nach allen theoretischen und praktischen Erfahrungen an mir selbst und an meinen Patienten ein überzeugter Befürworter der richtig durchgeführten Mayr-Kur.

Diese Darmreinigung nach Mayr stellt eine Blut- und Säftereinigungskur ohnegleichen dar. Da aber ihre ordnungsgemäße Durchführung leider nicht immer möglich ist, kommt den übrigen säftereinigenden Maßnahmen ebenfalls große Bedeutung zu. Besonders die von Rauch erstmals beschriebene milde Ableitungskur ist eine solche Blut- und Säfte-Reinigungskur, eine milde aber durchaus wirkungsvolle Entschlackungskur, wie sie nach meinen Erfahrungen gerade der heutige Mensch benötigt, wenn er keine Mayr-Kur durchführen kann. Daher begrüße ich es besonders, daß Rauch nun auf seine „Darmreinigung“ noch die „Blut- und Säfte-Reinigung“ folgen läßt, damit eine möglichst große Zahl Kranker, aber auch relativ Gesunder die

---

[1] Derzeit liegen bereits die 41. Auflage und außerdem weitere fremdsprachige Übersetzungen vor (Der Verlag).

segensreichen Auswirkungen der beschriebenen Heilmethoden erleben kann.

Der Wissensschatz der alten Ärzte, die vielfach in Vergessenheit geratene Humoralmedizin oder Säftelehre, ist für die Heilkunde nach wie vor von größter Bedeutung. Es gelingt dem Verfasser, das Wesentlichste aus diesen Quellen hervorzuheben und so darzustellen, daß neben dem Arzt auch der interessierte Patient daraus großen Nutzen ziehen kann. Dies gilt auch von den didaktisch klar gegliederten und mit viel Sorgfalt im Bild festgehaltenen humoraldiagnostischen Zeichen. Bei der Auswahl sogenannter blut- und säftereinigender Heilverfahren übt der Verfasser weise Kritik und Beschränkung. Wahlloser Einsatz verhindert den Erfolg. Nur richtige Anwendung solcher Methoden hat seit Jahrhunderten den erfahrenen Ärzten die guten und außergewöhnlichen Erfolge in ihrer Praxis erbracht. Rauch schildert diese Methode derart, daß der Kranke sie mit Interesse, ja fast schon mit Vergnügen durchzuführen bereit ist, wodurch die Bemühungen des Arztes entscheidend unterstützt werden.

Wesentlich ist die Aufklärung über die schädlichen Auswirkungen eines übersteigerten Genusses von Nikotin, Alkohol, Bohnenkaffee, aber auch von Süßigkeiten und Obst (!). Dankenswert ist es auch, daß der Verfasser nicht nur rein körperliche, sondern auch die seelischen Zusammenhänge der Blut- und Säfte-Reinigung behandelt. Gerade die heutige Zeit ist besonders reich an seelischen Überforderungen und Fehleinstellungen, so daß das Schlußkapitel eine Grundlage des ganzen Buches geworden ist. Solche „Seelenreinigung“, wie sie Rauch beschreibt, sowie die Reinigung und das Im-Fluß-Halten des Blutes und der Säfte, vor allem der Lymphe, stellen Grundgebote wahrer Gesundung dar.

Daß diese Grundgebote bei modernen Therapien nicht immer beachtet, oft übersehen, ja, daß sogar häufig dagegen verstoßen wird, vor allem dort, wo nur einseitige und hochdosierte sogenannte LangzeitMedikation betrieben wird, ist viel zu wenig bekannt. Daher mache ich gerade jüngere Mütter im Interesse ihrer Kinder auf die beschriebenen Heilmaßnahmen bei akuten Krankheitszuständen aufmerksam. Vom Arzt richtig ausgewählt, erweisen sie sich fast immer schnell und überzeugend hilfreich. Hier, wie überhaupt bei allen angeführten Heilweisen, kommt es ohne oder nahezu ohne medikamentöse Anwendung, allerdings nur bei richtiger Mitarbeit des Patienten, zu den beschriebenen Heilerfolgen.

Die „Blut- und Säfte-Reinigung" ruft auch dem Arzt manches bewährte Behandlungsverfahren der Humoralmedizin in Erinnerung zurück, damit er nicht die mühsame Sichtung der alltäglich auf ihn zukommenden neuen Medikamente auf Kosten der Anwendung der bewährten, einfachen und natürlichen Therapien durchführt. Echte Gesundheit ist noch immer nicht käuflich zu erwerben. Jeder muß sie sich selbst durch aktive Mitarbeit erarbeiten. Der Weg und die Aufklärung dazu sind in diesem Buch beschrieben. Ich wünsche dem Autor und seinen möglichst zahlreichen Lesern ein gutes Gelingen!

Titisee/Schwarzwald, November 1964

Professor Dr. med. Dr. phil. Hans Müller

Einführung: Die Blut- und Säfte-Reinigung

Alle Krankheiten haben ihren Keim in Störungen des Blutes, mag dieses in seiner Zirkulation gestört oder in seiner Zusammensetzung verdorben sein.

Sebastian Kneipp

Blut- und Säfte-Reinigung ist das Hauptziel aller Heilverfahren, die eine ganzheitliche Gesundung, das heißt eine grundlegende Heilung des ganzen Menschen erstreben. Sie zielt mit Hilfe natürlicher Heilmaßnahmen auf Reinigung und Gesundung der Körpersäfte; dadurch kommt es zur Regeneration des gesamten Organismus und – wo überhaupt noch möglich – zur Heilung von Krankheiten.

Blut- und Säftebehandlung ist damit mehr als eine bloße Krankheitsbekämpfung, denn diese Methoden sind in ihren Grundzügen so alt wie die Heilkunde selbst. Auf den Stand der heutigen Wissenschaft gebracht werden sie in letzter Zeit zunehmend angewendet. Alle naturgemäßen Heilverfahren, die sich positiv auf den Blut- und Säftezustand auswirken, gehören dazu:

Heilfasten, strenge Diät- und Entschlackungskuren, Wasserheilkuren (Kneipp, Priessnitz, Kuhne), die Schrothkur, Heilanwendungen von Licht, Luft, Bädern, heilenden Erden (Moor, Schlamm, Lehm, Sand usw.), Bewegungs- und Terrainkuren. Die Darmreinigung nach F. X. Mayr mit ihren Abstufungen vom Fasten bis zur diätetischen Schon- und Säuberungskur sowie die daraus entstandene Milde Ableitungskur wirken am erfolgreichsten auf das Verdauungssystem ein, und somit auf das wichtigste Blutreinigungssystem.

Aus der Geschichte

Vor etwa 2 1/2 Jahrtausenden lebte in Griechenland Hippokrates, genannt „Vater der Medizin". Er verknüpfte bewährtes medizinisches Wissen seiner Zeit mit eigenen Erfahrungen zu Erkenntnissen, die auch heute noch in vielem wegweisend sind. Er gilt als Begründer der Säftelehre. Nach dieser Lehre hängt die Gesundheit des Menschen in erster Linie von der Beschaffenheit seiner Körpersäfte ab. Harmonie und Reinheit dieser Säfte gewährleisten eine gute Gesundheit; Disharmonie, Unreinheit, fehlerhafte Zusammensetzung führe hingegen zu Krankheit. Hippokrates lehrt, daß verschiedene Krankheiten zwar verschiedene Symptome zeigen, daß ihnen aber immer nur eine tiefere Ursache zugrunde liege: Ein schlechter Zustand der Säfte. Und dieser schlechte Säftezustand sei zumindest die Folge *einer fehlerhaften Ernährungs- und Lebensweise.*

Die Säfte, so lehrte Hippokrates, ergänzen sich fortlaufend aus der Nahrung. Sie sind durch Änderung von Menge und Art der Nahrung am leichtesten zu beeinflussen. Daher läßt er fasten und Diät halten. Daneben wendet er andere säftereinigende und giftableitende Verfahren an, wie Schwitzen, Purgieren, Wasser-, Bädertherapien, Aderlassen usw.

Auch die meisten Nachfolger des Hippokrates heilten mit blut- und säftereinigenden Methoden. So lehrt Celsus (um Christi Geburt), daß das durch „Säfteverderbnis" veränderte Blut dunkler und dickflüssiger sei, daß es durch Aderlaß entleert und durch Diät erneuert werden müsse. Auch Galenus (131–201), der durch Jahrhunderte die Heilkunst beeinflußte, wendete Methoden der Blut- und Säftereinigung an, wie harn- und schweißtreibende Mittel, Aderlaß, Darmentleerung und Diät.

Paracelsus (1494–1541) wieder, der berühmteste Arzt des abendländischen Mittelalters, sah in der „Dyskrasie", das heißt in der fehlerhaften Säftebeschaffenheit ein Grundübel, das er mit Diät und „anti-dyskratischen" Mitteln bekämpfte. Viele Krankheiten, Gicht, Rheumatismus, Steinkrankheiten, Verkalkung u. a. entstünden so, wie aus dem Weine der Weinstein: Aus schlechten Säften würden Niederschläge ausgefällt und in die Gewebe abgelagert. Heute bezeichnet man diesen Vorgang als Verschlackung.

Von Kaiserin Maria Theresia, einer der großen Frauengestalten der Geschichte, wird berichtet, daß sie alle Mahnungen ihres Leibarztes Van Swieten, bescheidener zu essen, ignorierte. Dabei ging es der Kaiserin fortlaufend schlechter. Da ließ sich der Arzt während eines Festmahls einen Kübel bringen und warf in diesen von jeder Speise und jedem Getränk soviel hinein, wie die Kaiserin zu sich nahm. Spät in der Nacht fragte sie ihn endlich, was er da mache. Da nahm Van Swieten den Kübel, in dem sich aus Suppe, Fisch- und Fleischteilen, Soßen, Gewürztem, Torten, Schlagrahm und Getränken bereits eine widerwärtige Brühe gebildet hatte, und hielt ihn der erstaunten Kaiserin unter die Nase: „Um zu zeigen, wie es in Eurer Majestät Magen jetzt aussieht!" Da verstand die Kaisern: Eine so zersetzte Brühe im Leib ist eine Krankheitsquelle, sie vergiftet das Blut und verdirbt die Säfte. Maria Theresia befolgte ab nun alle Vorschriften und wurde wieder gesund.

Die Lehre und die Behandlung der Körpersäfte (Humoralmedizin) erhielt später nahezu den Todesstoß, als der Anatom Virchow (1821–1902) seine Zellularmedizin verbreitete: Nach dieser kommt nur den neu entdeckten Körperzellen gesundheitsentscheidende Bedeutung zu, nicht den Säften. Heute aber wissen wir, daß diese Betrachtungsweise gefährlich einseitig ist: Ohne Zellen und Organe, welche die Säfte bilden und bewegen, gibt es keinen Säftestrom, aber ohne Säfte gibt es keinen Stoffwechsel, kein Zell- und Organleben. Über den Säftestrom werden alle Organe ernährt, daher hängen diese auch vom Zustand der Säfte ab. Macht man die Säfte gesund, so werden es – falls noch möglich – auch die Organe; werden aber die Säfte krank, so erkranken schließlich auch die Organe.

Die Notwendigkeit der Blut- und Säfte-Reinigung

Der Körper besteht zu zwei Dritteln aus Flüssigkeit, und diese flüssigen – fluktuierenden – Substanzen verändern sich leichter und rascher (Verbrauchs- und Überalterungserscheinungen) als die festen Substanzen. Dieser variable, leicht „schlecht" werdende Zustand der Körpersäfte beeinträchtigt den Zustand der übrigen Körperteile. Die Krankheiten spielen sich in ihrer Entwicklung zunächst im Blut-Säfte-Bereich ab (humorales Krankheitsstadium) und greifen erst später, in fortschreitendem Verlauf, auf den Zellbereich über (zelluläres Krankheitsstadium). In beiden Stadien ist echte Heilung nur mit Gesundung der Säfte möglich.

Abnorme Veränderungen der Körpersäfte treten bei krankhaften Zuständen augenscheinlich hervor. Die Säfte beim Gesunden sind wie Bergbäche, rein, klar, sprudelnd voll Leben. Beim Kranken sind sie aber vielfach träger, stellenweise wie brakkige Lagunen, abgestanden, trübe und verunreinigt. Dementsprechend zeigt sich die Färbung der Haut, besonders im Gesicht: frisch-rosig beim Gesunden; aschgrau, leichenblaß, hochrot, gelb- oder grünstichig, wachsfarben oder blaurot-gedunsen bei den „Halbkranken" und Kranken. So trägt jeder die Visitenkarte seines Säftezustandes im Gesicht, siehe Abb. ab S. 177.

Die Qualität von Blut und Säften richtet sich in erster Linie nach der Beschaffenheit der Verdauungssäfte, so wie sich die Qualität des Trinkwassers nach der Beschaffenheit des Waldbodens und Grundwassers richtet.

Jede Verdauungsstörung, gleich ob sie von Magen, Darm, Leber oder einem anderen Organ herrührt, gleich ob sie Beschwerden verursacht oder nicht, verschlechtert den Zustand des Darmsaftes. Dieser verschlechtert wieder den Zustand von Blut und Lymphe, was sich entsprechend auf die Organe auswirkt. Auch diese Erkenntnis ist nicht neu, schon L. Kuhne erklärt: *Die Verdauungsstörung ist die Mutter aller Krankheiten.*

Der Nutzen der Blut- und Säfte-Reinigung

Je mehr die toxische Gesamtsituation des Menschen steigt, das heißt, je mehr unser Leben durch Fremd- und Giftstoffe belastet wird (Luftverpestung, chemische Nahrungsveränderung, saurer Regen, Genuß-, Suchtmittel, Drogen usw.), desto dringender benötigen wir von Zeit zu Zeit eine Entgiftung des Organismus. Das können teilweise Wander- oder Bäderurlaube leisten, doch in der Mehrzahl der Fälle reicht das nicht mehr aus. Kein Wunder also, daß die Zahl jener Menschen ständig steigt, die sich regelmäßig zu einer Säftereinigungskur begeben. Und vielleicht wird auch die Zeit kommen, in der sich jeder intelligente Mensch regelmäßig – noch bevor er erkrankt – einer Reinigungskur unterzieht; und dies mit der Selbstverständlichkeit, mit der er heute sein Auto in die Inspektion gibt. Möglicherweise hört man in dieser Zukunft dann auch schon in der Schule etwas von der Blut- und Säfte-Reinigung. Schließlich soll die Schule wichtige Kenntnisse für das Leben vermitteln, und wer möchte daran zweifeln, daß dazu die Erhaltung und Wiedergewinnung der Gesundheit gehört? Und das Wissen um natürliche Heilmaßnahmen gehört gerade heute, im Zeitalter der Medikamente, mit zum Wichtigsten überhaupt.

Inzwischen findet die Ernährungs- und Lebensweise des Menschen in der Heilkunde wieder mehr Beachtung, doch der Kranke und der Scheingesunde der heutigen Zeit sind meist schon so in ungesunde Gewohnheiten und „Verpflichtungen" verstrickt, daß sie sich nur ungern zu einer Umkehr bereitfinden. Sie flüchten lieber in eine medikamentöse Behandlung mit der Hoffnung, dadurch gesund zu werden, ohne gleichzeitig ihre Fehler abstellen zu müssen. Und so erwarten auch Millionen Menschen – allerdings vergeblich – vom Medikament allein ihr Heil. Selbst so einfache und bewährte Anordnungen wie: Einschränkung im unmäßigen Essen, im großen Süßigkeitenverzehr, im Rauchen und Kaffeetrinken, stoßen in der Mehrzahl der Fälle auf taube Ohren. Erst ärgste Krankheitsnot zwingt zur Überwindung aller Bequemlichkeit oder Willensschwäche. Und das ist nicht erst seit heute so, die Geschichte kennt genügend Beispiele dafür.

Die Wirkung der Blut- und Säfte-Reinigung bei akuten wie chronischen Fällen

Trotz der hinlänglich bekannten Zusammenhänge überwiegt das Erbe Virchows: Die Auffassung von Gesundheit und Krankheit sowie so manche moderne Therapie bewegen sich vorwiegend in zellularmedizinischen Geleisen. Daher wird oft nur das erkrankte Organ, etwa nur der Magen, die Gallenblase oder das Herz behandelt, und nicht der ganze erkrankte Mensch; und daher werden so selten die hilfreichen Möglichkeiten einer gleichzeitigen Blut- und Säftebehandlung angewendet, obwohl gerade sie auf den ganzen Menschen einwirken und die Erfolgsaussicht entscheidend verbessern können.

Ein gutes Beispiel dafür, was eine Blut- und Säftebehandlung bei akuten Erkrankungen allein schon zu leisten vermag, zeigt folgender Fall aus einer Zeit, in der man die heutigen Medikamente noch nicht kannte.

Ein zehnjähriger Junge war todkrank, er litt an schwerster Diphtherie. Sein Gesicht war bläulich verfärbt, gedunsen, mit kaltem Schweiß bedeckt, sein Hals dick geschwollen, das Bewußtsein getrübt. Der Facharzt hatte bereits sein Bestes getan, jedoch vergeblich. Es sei hoffnungslos, erklärte er. Da wandten sich die verzweifelten Eltern noch an einen anderen Arzt, der sofort mit Entgiftungsmaßnahmen begann und diese pausenlos fortsetzte: Einlauf, Schwitzpackung und kaltes Rumpfreibebad folgten ununterbrochen aufeinander in mehrfacher Wiederholung, bis der Patient große Schleimfetzen mit Belag ausspie und reichlich Stuhl ausschied, wobei die Temperatur noch am gleichen Tag von 40 auf 37 Grad abfiel. Nach kurzer Zeit war der Junge wieder gesund [1].

Die Blut- und Säftebehandlung bei chronischen Erkrankungen steht in ihrer Wirkung nicht hinter der Behandlung akuter Fälle zurück. Daß allerdings chronische Prozesse – falls noch heilbar – längere Behandlungszeit benötigen als akute, liegt in der Natur ihrer Entstehung. Die Blut- und Säftebehandlung kann aber auch bei chronischen Fällen noch oftmals zur Heilung führen, wenn bereits alle anderen Therapien versagt haben (siehe Fälle S. 135). Darüber hinaus ist sie ideal zur Vorbeugung und aktiviert die Lebens- wie auch die Schaffenskraft.

Die eigentliche Blut- und Säftebehandlung ist im III. Teil dieses Buches beschrieben. Wer schon mit einer solchen Behandlung begonnen hat, sollte zunächst diesen praktischen Teil studieren (S. 60). Der jetzt nachfolgende I. und II. Teil ermöglicht ein besseres Verständnis für die verordneten Heilmaßnahmen.

Nur für Willensstarke

Die Blut- und Säftebehandlung ist eine Individualtherapie. Sie ist keine Therapie für die Masse und keine Therapie für jedermann. Die Säftebehandlung verlangt vom Patienten mehr Mitarbeit und mehr Disziplin als jede andere Behandlungsart. Aber gerade das hier notwendige Mithelfen an der eigenen Gesundung, der Einsatz sonst brachliegender körperlicher und seelisch-geistiger Kräfte ruft Heilergebnisse hervor, die häufig durch keine andere Therapie erreichbar sind. Jede einzelne Mühe, jede gelungene Selbstbeherrschung gewinnt dadurch ihren Sinn und wird mit dem Erfolg zu einer Quelle der Freude.

Teil I

Grundlagen der Blut- und Säfte-Reinigung

Gott hat jedem bei der Geburt ein bestimmtes Maß an Speise und Trank zugeteilt; wer nur wenig zur Zeit genießt, zehrt lange daran, wer aber viel verbraucht, kommt früh zum Ende damit.

Arabisches Sprichwort

Der menschliche Körper besteht, wie bereits gesagt, zu zwei Dritteln aus Flüssigkeit. Ein Flüssigkeitsteil ist an die Zelle gebunden, der andere Teil, wie Blut, Lymphe und Drüsensäfte, ist außerhalb der Zellen und durchströmt den Organismus. Beide Saftanteile bestimmen so maßgeblich das Aussehen des Menschen.

Entsprechend ihrer verschiedenen Aufgaben zeigen die fließenden Saftanteile, die Körpersäfte, unterschiedliche Zusammensetzung. Die hellroten, dunkelroten, milchigen, farblosen, schwarzgrünen und anders gefärbten Säfte stehen miteinander in engem Zusammenhang. Sie leben auch mit der Zellflüssigkeit, die von ihnen Stoffe empfängt und an sie Stoffe abgibt, in beständigem Austausch.

Jede gröbere Veränderung einer Saftart wirkt sich auch auf die entsprechenden Organe aus

Die Säfte des menschlichen Organismus können in der Quantität und in der Qualität Veränderungen erleiden. Abnorme Verminderung, wie durch Blutverlust, oder abnorme Vermehrung, wie bei Wassersucht, sind seltener als Veränderungen in der Qualität: Hierbei gibt es Fehlmischungen, wie die Überflutung des Blutes mit Galle bei Gelbsucht; oder Mangelzustände, wie die Blutarmut durch Eisenmangel; oder Vergiftungen, wie die akute Blutvergiftung von einem Eiterherd oder die chronische Selbstvergiftung aus einem kranken Darm. Außerdem gibt es Vergiftungen der Säfte von außen, wie durch Mikroben, Überkonsum von Kaffee, Alkohol, Nikotin, Suchtmittel, Drogen und ähnliche Zivilisationssünden.

Beide Veränderungen im Zustand der Säfte, die quantitativen und die qualitativen, stellen die Grundlage der Säftelehre und den Angriffspunkt der Säftebehandlung dar. Diese Veränderungen wurden von den alten Ärzten als Dyskrasie, als Blut- und Säfteentmischung oder Säfteverderbnis bezeichnet. Heute wissen wir, daß Gifte und sonstige Schädigungsfaktoren, die auf den Menschen einwirken, sich besonders über die Blut- und Säftebahn ausbreiten; wir wissen, daß sie den Säftezustand beeinträchtigen; und wir wissen, daß sie Zellen und Organe in Mitleidenschaft ziehen. Daher müssen zwangsläufig Organkrankheiten auftreten, wenn die Säfte dauernd „dyskratisch", also gifthaltig oder sonstwie krankhaft verändert sind. Umgekehrt wissen wir auch, wie rasch der Säftezustand minderwertig wird, wenn wichtige Organe, vor allem Verdauungsorgane, fehlerhaft arbeiten, womit sich ein Teufelskreis schließt.

Die enge Wechselwirkung von Säften und Organen bewirkt, daß es – genau genommen – keine isolierte oder lokalisierte Erkrankung, keine Erkrankung eines Einzelorgans für sich allein geben kann. So ist eine Migräne niemals nur eine Gefäßstörung, eine Ischiasentzündung niemals bloß eine Erkrankung des Ischiasnervs allein, eine Mandelentzündung niemals nur eine Erkrankung der Tonsillen usw. Immer sind auch andere Systeme, mit Sicherheit auch die Säfte, primär oder sekundär mit beteiligt.

Jede Therapie, die sich nur um das scheinbar allein erkrankte Organ bekümmert, etwa nur um den schmerzenden Kopf, den quälenden Nerv oder die geschwollenen Mandeln, ist einseitig; sie hat geringere Erfolgsaussichten als die Behandlung, die auch die Hintergründe der Störung und damit auch den Zustand der mitbeteiligten Säfte zu verbessern strebt. Der Blut- und Säftezustand läßt sich aber nur beschränkt durch Medikamente verbessern!

Häufigste Belastungsquelle der Säfte

Die häufigsten Belastungs- und Vergiftungsquellen der Säfte gehen auf Fehler in der Ernährungs- und Lebensweise des Kranken zurück. Somit besteht die wirkungsvollste Säftetherapie vor allem in einer Neuorientierung der Ernährungs- und Lebensweise, wie sie am besten durch die Darmreinigungskur oder Ableitungskur eingeleitet wird.

Der Mensch besitzt zwei Hauptgruppen von zirkulierenden Säften [2]:

a) die in Gefäßsystemen kreisenden Säfte, nämlich durchschnittlich

5 Liter Blut und
2 Liter Lymphe, sowie

b) die ohne Gefäßsystem kreisenden Säfte, von denen der Körper innerhalb von 24 Stunden in Umlauf setzt:

1,5 Liter Speichel
2,5 Liter Magensaft
0,5–1,5 Liter Galle
0,7 Liter Bauchspeichel
3 Liter Darmdrüsensaft.

Säfte und Kreislauf

Insgesamt zirkulieren im menschlichen Körper rund neun Liter Flüssigkeit. Sie werden von den Verdauungsdrüsen aus Blut und Lymphe gebildet, fließen in den Darmtrakt und von hier, soweit sie nicht mit dem Stuhl abgehen, wieder in den Blut- und Lymphstrom und zu den Drüsen zurück (siehe Abb. 2, S. 23). So befinden sich beide Saftarten im beständigen Kreislauf durch den Organismus, wobei ihre Verluste laufend neu ersetzt werden.

Das lösende Medium der Säfte ist das Wasser. Davon scheidet der Mensch in unseren Zonen – Schwerarbeiter ausgenommen – täglich rund zwei bis drei Liter aus: einen bis eineinhalb Liter mit dem Harn, der Rest mit dem Dunst und Schweiß durch die Haut, mit dem ausgeatmeten Dunst durch die Lungen und mit der Entleerung des Darmes. Dieses abgegebene Wasser wird alltäglich durch Getränke und Speisen neu ersetzt. Auch die Zellgebilde der Säfte, wie rote und weiße Blutkörperchen, verfügen nur über kurze Lebensdauer und müssen schon bald in ihr Grab (Milz) getragen werden. Unaufhörlich liefern Blut- und Lymphbildungsstätten neuen Ersatz nach.

Die ständige Ausscheidung, Verbrauch und Erneuerung der Körpersäfte in Menge und Zusammensetzung ist ein wesentlicher Teil ihrer sich unentwegt vollziehenden Regeneration.

Die Säfteregeneration ist eine Grundlage der Gesundheit

Das Blut fließt in seinen Gefäßen nicht so wie das Wasser in undurchlässigen Rohren, sondern durchströmt als belebte Flüssigkeit den ganzen Organismus und lebt mit diesem in innigem Zusammenhang. Es ist der Golfstrom des Körpers, der für gleichmäßige Durchwärmung aller Teile sorgt; es ist die Transportstraße und der Transporteur für Sauerstoff, Kohlensäure, Aminosäuren, Peptide, Glukosen, Fettsäuren, Vitamine, Spurenelemente, Elektrolyte und alle anderen lebenswichtigen Stoffe; es ist der Ernährer aller Gewebe und vor allem: es ist ein lebendiges Organ, eine Einheit, die mit allen Zellen und Organen in enger Wechselwirkung steht. Auch der Lymphe, dem „weißen Blut“, kommt die Funktion eines lebendigen Organs zu.

Beide, Blut wie Lymphe, sind Muttersubstanzen der Körperflüssigkeiten. Sie können ihren Aufgaben nur nachkommen, wenn sie ständig den Körper durchfließen. Nur zirkulierende Säfteströme können die rund 60 Billionen Zellen, die der menschliche Körper besitzt, fortwährend versorgen. Daher durchzieht den menschlichen Organismus ein Gefäßnetz von unvorstellbarer Ausdehnung und Dichte. Allein die Gesamtlänge der Blutkapillaren, der feinsten haardünnen Blutgefäße, beträgt beim Menschen rund 100 000 Kilometer – mehr als das Wasserleitungs- und Kanalisationsnetz jeder Großstadt!

Zum Verständnis später angeführter Heilmaßnahmen sei betont, daß gesunde Gefäße, insbesondere Kapillaren, sich selbsttätig verengen und erweitern können, wodurch sie sich den jeweiligen Anforderungen an die Blutverteilung im Körper anpassen. Sie reagieren auf Hitze und Kälte, Wachen und Schlafen, Arbeit und Ruhe. Sie drosseln in ruhenden Organen den Blutzustrom und steigern ihn, wo Blutzustrom nötig ist, um höhere Leistungen zu ermöglichen.

- Besser durchflutete Organe bringen bessere Leistung!
- Besser durchblutete Herzgefäße steigern die Herzleistung!
- Besser durchblutete Hirngefäße steigern die Hirnleistung!
- Besser durchblutete Muskeln steigern die Muskelleistung!

Die Reaktionsfähigkeit der Kapillaren läßt sich durch Trockenbürsten, Wechselduschen, Reibebäder u. a. deutlich steigern

Das Zusammenspiel aller Kreislaufmotoren bewirkt eine verbesserte Durchblutung. Diese Kreislaufmotoren sind:

a) Das Herz;
b) die Arterien, die das Blut durch elastisches Mitschwingen ihrer Muskelwand weitertreiben;
c) das Kapillarnetz, das durch ständiges Verändern seines Volumens das Blut aus der Peripherie zum Herzen hinbewegt („peripheres Herz des Kreislaufs“);
d) der Verdauungsmotor: Durch seine Eigenbewegung (Peristaltik) verengt und erweitert der Verdauungstrakt seine Blut- und Lymphgefäße, die rhythmisch entleert und nachgefüllt werden. Der Verdauungsmotor ist das Herz des Lymphstromes und die Pumpe des Pfortaderblutes!
e) Der Atmungsmotor: Das Zwerchfell bewegt sich 20 000 bis 24 000mal im Tag. Seine Auf- und Abwärtsbewegung erzeugt

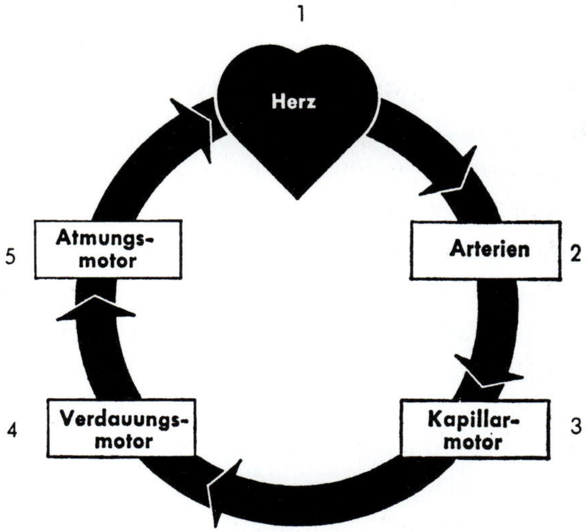

Abb. 1: Die Kreislaufmotoren

im Bauch- und Brustraum rhythmische Druckschwankungen. Diese unterstützen die Blut- und Lymphzirkulation.

Beim modernen Zivilisationsmenschen findet man in der Regel eine Erschlaffung des Verdauungstraktes und damit eine Schwäche des Verdauungsmotors. Diese bewirkt jene Zirkulationsstörungen, die durch Absacken größerer Blut- und Lymphmengen in den Bauchraum verursacht werden. Bei jeder schwachen Verdauungstätigkeit stauen sich größere Säfteanteile im Bauch, wodurch die Versorgung des übrigen Körpers leidet. Blut-Unterdruck, Schwindel, Kopfleere, Konzentrationsschwäche, Gähnbedürfnis, Vergeßlichkeit, Müdigkeit, Frieren, Völlegefühl, aufgetriebener Leib usw. sind die Folge. Daher sagten schon die alten Römer, daß mit vollem Bauch nicht gut zu studieren sei. Diese Völle tritt nur bei geschwächtem Verdauungsmotor auf.

Der Volksmund kennt den Satz: „*Du bist so jung wie deine Gefäße!*"

Da aber die Gefäße allein nicht die Güte der Zirkulation bestimmen, müßte es richtiger heißen: „*Du bist so jung wie dein Kreislaufsystem!*"

Das bedeutet im Klartext: Du bist so frisch oder so müde, so gut gelaunt oder so mißgestimmt, so gesund oder so krank, so jung oder so alt, wie es dein Kreislauf ist.

Doch die Güte dieses Kreislaufs hängt nicht nur von den bisher dargestellten fünf Faktoren ab, der letzte Faktor fehlt noch:

Maßgeblich sind nämlich die zirkulierenden Säfte selbst, die den Kreislauf beeinflussen.

Es ist nicht gleichgültig, ob sie verdickt oder dünnfließend sind, und ob sie ihre Stoffwechselleistung gegenüber den Kreislaufmotoren gut oder mangelhaft verrichten. Schließlich werden ja alle „Herzen des Kreislaufs" nur über die Säfte beatmet und ernährt und nur über diese von ihren Abfallstoffen und Einlagerungen befreit, so daß sie vor der „Austapezierung" mit Cholesterin und Kalk, vor der Verkalkung und vor anderen Schädigungen bewahrt bleiben. Da die Säfte selbst den Zustand der Kreislaufmotoren maßgeblich beeinflussen, können wir jetzt schon auf eine Voraussetzung von Gesundheit, Krankheit, Altern und Tod hinblickend, gemeinsam mit den alten Ärzten feststellen: „*Du bist so jung und so gesund, wie es dein Blut und deine Körpersäfte sind!*"

So erhebt sich nur mehr die Frage, welche Faktoren den Zustand des Blutes und der Körpersäfte bestimmen. Die Antwort ergibt sich aus der Betrachtung der Säfte-Ernährung und der Säfte-(Selbst-)Reinigung.

Die Säfte-Ernährung

Als Säfte-Ernährung bezeichnen wir die Versorgung der Körpersäfte mit allen lebenswichtigen Stoffen, wie Sauerstoff,

Nährstoff, Wasser, Mineralien usw. Die Säfte-Ernährung wird von den Lungen, dem Verdauungsapparat und der Haut bewerkstelligt.

Die Lungen

Die Lungen verarbeiten in 24 Stunden 120000 Liter Luft und versorgen das Blut mit Sauerstoff. Paracelsus sagte: „*Die Luft ist die eine Speise des Menschen, der Himmel die andere, die Erde die dritte, das Wasser die vierte. Aus ihnen wird der Mensch erhalten, denn in ihnen wächst ihm seine Nahrung und was ihm Not tut.*"

Der Verdauungsapparat

Dieser wandelt die genossenen Speisen und Getränke in körperbrauchbare Substanzen um. Der Mensch lebt daher – genaugenommen – nicht von dem, was er ißt, sondern nur von dem, was sein Verdauungsapparat aus der genossenen Nahrung umgewandelt hat. F. X. Mayr bezeichnet den Verdauungstrakt daher als „*Gemeinschaftsküche aller Körperzellen*". Es ist die Leistung der Verdauungsorgane, von der es abhängt, ob Blut und Lymphe mit hochwertigen oder minderwertigen Nährstoffen versorgt werden. Der Verdauungsprozeß ist somit der für den Zustand der Säfte verantwortliche Anfang. Im Darmtrakt beginnen mit den einmündenden Verdauungssäften (Speichel, Magensaft usw.) die Quellen und Zuflüsse der zirkulierenden Säfte zu fließen. Hier wird der Darmsaft mit Speisebrei (Chymus) zur Darmlymphe (Chylus) gewandelt und die Lymphflüssigkeit gebildet; und hier wird das Blut des Pfortadersystems mit Nahrungsstoffen beladen und weiter gepumpt. Wie in der Pflanze der nährende Saft von den Wurzeln bis in die höchsten Wipfel strömt, so fließen die nährstoffhaltigen Säfte vom Verdauungsapparat bis zu den entferntesten Zellen im Menschen.

Die Verdauungstätigkeit ist der Schlüssel für den Zustand der Säfte und damit des ganzen Organismus

Das war schon den alten Ärzten bekannt. Daher beginnt auch Hufeland (1797) seine berühmten Lebensregeln mit dem Lehrsatz: *„Nicht das. was wir essen, sondern nur das, was wir verdauen, kommt uns zugute.“*. Und Boerhaave (1740) zeigt die gesamten Zusammenhänge von Nahrung, Verdauung und Säftezustand mit seinem klassischen Lehrsatz auf: *„Wie die Speise beschaffen ist, so ist der Darmsaft; wie der Darmsaft beschaffen ist, so ist das Blut; wie das Blut beschaffen ist, so ist das Fleisch. (Qualis cibus, talis chylus, qualis chylus, talis sanguis; qualis sanguis, talis caro.)“*

Die Haut

Die Haut leitet Licht, andere Strahlen, Wärme und Kälte nach dem Körperinneren und kann verschiedenste Stoffe von außen aufnehmen.

Der Säftestrom führt Sauerstoff und Nährstoffe an jede Zelle heran; er beliefert und „verköstigt“ sie und ermöglicht dadurch alle Leistungen des Menschen: So werden chemische Verbindungen auf- und abgebaut, Drüsensäfte, Hormone, Fermente, Abwehr- und Entgiftungssubstanzen gebildet, Zellen und Gewebe geschaffen; ebenso werden die übrigen Leistungen der Organe und des Organismus, die Denk- und Gedächtnisleistung, die Funktionen von Nerven, Sinnesorganen, Herz u.a. ermöglicht. Damit ist jedoch erst die eine Aufgabe der Säfte beschrieben.

Die Säfte-(Selbst-)Reinigung

Bei jeder Stoffwechseltätigkeit, Zell- und Organarbeit entstehen Verbrennungsrückstände. Dieser Abfall, wie Kohlensäure und – vergleichsweise gesprochen – der „Urin“, „Schweiß“, und „Stuhl“, den jede einzelne Zelle als Schlacke von sich gibt, gelangt in die Säfte zum Abtransport. Damit kommen wir zu einer für die Säftebehandlung entscheidenden Tatsache:

Die zirkulierenden Blut- und Säfteströme sind nicht nur die Ernährer, sondern gleichzeitig die Entgifter, oder die entgifteten Abwässer für jede einzelne Zelle.

Die roten Blutkörperchen binden Kohlensäure an sich und transportieren sie ab; die weißen Blutkörperchen nehmen Gift- und Fremdstoffe fest und führen sie ab; das Blutwasser entfaltet bakterienwidrige Eigenschaften, bindet Gifte an sich und schwemmt sie weiter; und jeder Schlackenanfall, wie ihn die Leistungen der Organe zwangsläufig erzeugt, wird vom Säftestrom erfaßt, unschädlich gemacht, weitergetragen und den Ausscheidungsorganen übergeben.

Ohne die ständige Organ- und Gewebeentgiftung würden die Zellen in ihren eigenen Ausscheidungen ersticken

Das ist aber noch nicht alles: Von den 60 Billionen Zellen, die der Körper besitzt, ist jeweils etwa ein Viertel jung, d. h. in Entwicklung begriffen, zwei Viertel sind voll entwickelt und leistungsfähig, während das letzte Viertel überaltert ist und dem Absterben entgegensieht. Es müssen daher Tag für Tag Millionen Zell-Leichen, verbrauchte Protoplasma- und andere Gewebeteile, Kerntrümmer und Eiweißabbauprodukte, die aus diesen Mikrokadavern entstehen, abtransportiert werden. Darüber hinaus bilden sich bei Zellerkrankungen und unphysiologischem Zelltod ungemein giftige Eiweißkörper, toxische Proteide, die ebenfalls so rasch als möglich unschädlich gemacht und weggeschafft werden müssen. Gelingt dieser Abtransport durch die Säfte nur ungenügend, dann werden die betreffenden Organe geschädigt. Daher kommt einer ausreichenden Reinigung der Gewebe von Schlacken durch die zirkulierenden Blut- und Säfteströme bei Gesundheit und noch mehr bei Krankheit eine lebensentscheidende Bedeutung zu.

Wie alle fließenden Gewässer besitzen die Körpersäfte ein großes Selbstreinigungsvermögen. Da sie aber pausenlos von Abbau- und Schlackenstoffen verunreinigt werden, bedürfen sie auch selbst ständiger Klärung, Reinigung und Entgiftung. Diese erfolgt über die vier Reinigungs- und Ausscheidungssysteme des Körpers: den Verdauungsapparat, die Lungen, die Haut und die Nieren.

Die Säftereinigung über den Verdauungsapparat

Interessehalber sei erwähnt, daß die offizielle medizinische Wissenschaft die nachstehend aufgeführten Funktionsabläufe therapeutisch nicht berücksichtigt. Der Student der Medizin, der sich ein immer größeres Wissen über immer kompliziertere Detailbereiche anzueignen hat, lernt nicht, sie zu beachten. Das ist um so bedauerlicher, da die Kenntnis der nachfolgenden Zusammenhänge ein ganz anderes und grundlegenderes Verständnis für natürliche Heilmethoden, insbesondere für die Blut- und Säfte-Reinigung vermittelt.

Der gesunde Organismus bedient sich des Verdauungsapparates zur Säfte-Reinigung, Entgiftung und Klärung auf zweifache Weise:

a) durch Filterung von Blut und Lymphe
mittels der Verdauungsschleimhaut: Jede Schleimhaut besitzt die Fähigkeit zu einer Doppelfunktion. Wie man durch eine Türe sowohl herein- als auch hinausgehen kann, ermöglicht die Verdauungsschleimhaut sowohl das Aufnehmen,

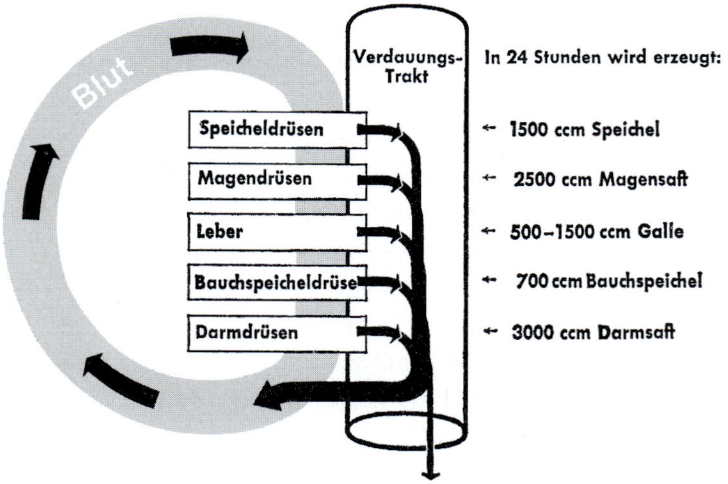

Abb. 2: Freie Zirkulation der Verdauungs- und Reinigungssäfte

Aufsaugen, Resorbieren der Nährstoffe in den Säftestrom, wie auch – und darauf kommt es hier an – das Ausscheiden, Abstoßen, Eliminieren von schädlichen Stoffen aus dem Säftestrom in den Darmkanal. Es ist wie eine Filterung durch die Filtermembranen der Schleimhaut, wodurch die vorwiegend sauren Schad- und Giftstoffe, Bakterientoxine usw. aus dem Blut- und Lymphkreislauf sozusagen abgefiltert und mit den Darmentleerungen aus dem Körper entfernt werden.

b) durch Filterung der Verdauungssäfte
über die Blut- und Säfte-Reinigung: Rund neun Liter fließen pro Tag aus den Verdauungsdrüsen in das Verdauungsrohr – ungefähr so viel, wie ein haushaltsüblicher Putzeimer aufnimmt: eine enorme Menge an Drüsensaft, um die es hier geht.

Diese neun Liter Verdauungssäfte fördern die Verdauung der eingenommenen Nahrung. Sie bringen den Säftestrom zum Fließen und sie reinigen Blut und Lymphe. Und das wiederum geschieht einfach dadurch, daß sie nicht als reine Drüsensekrete oder bloße „sterile“ Drüsenprodukte in den Darm abfließen, sondern Stoffwechselschlacken und Gifte mit sich führen. So beinhaltet die Gallenflüssigkeit Schadstoffe, die bei den Entgiftungsprozessen innerhalb der Leber frei werden.

Verdauungssäfte sind auch Abwässer des Stoffwechsels, die täglich Schlacken in das Verdauungsrohr ableiten

Nach ihrem Einfließen in den Verdauungskanal verläßt nur ein unbedeutender Teil der Verdauungssäfte den Körper, indem er gemeinsam mit den abgefilterten Schadstoffen mit dem Stuhl abgeht. Der Großteil der Säfte durchwandert hingegen die Filtermembranen der Verdauungsschleimhaut. Er wird also entgiftet und in gereinigtem Zustand rückresorbiert, gelangt dann in den Blutkreislauf und damit wieder zurück zu den Ausgangsdrüsen.

Diese Reinigungsmechanismen werden empfindlich beeinträchtigt, wenn entzündliche Veränderungen der Magen-Darmschleimhaut auftreten. Die Entgiftungsstation wird mangelhaft, es kommt zur Rückvergiftung durch wiederholte Wiederaufsaugung von ausscheidungspflichtigen Stoffen in das Blut.

Zungenbelag, schaler, pappiger Mundgeschmack, besonders des Morgens, übler Mundgeruch, Brennen von Zunge und Mundschleimhaut, Neigung zu Mandel- und Rachenentzündungen, Schlaffwerden der Haut, schlechtes Aussehen, Grau- oder Gelbstich der Hautfarbe, brennende juckende bis quälende Beschwerden an verschiedenen Haut- oder Schleimhautpartien, Sodbrennen, Völlegefühl, Stuhlverstopfung usw. können dann als Warnzeichen dienen.

Je früher eine blutsäftereinigende Kur durchgeführt wird, desto rascher läßt sich die Ursache beheben. Von den üblichen Medikamenten ist hier wenig zu erhoffen. Erfreulicherweise steigt die Zahl der Ärzte, die sich mit Naturheilweisen befassen, ständig an, auch wenn ein nicht kleiner Teil der Ärzteschaft aus Unkenntnis auch seriöse ärztlich geleitete Fasten- und Ableitungskuren grundsätzlich ablehnt. Es gibt sogar einige Mediziner, die auch heute noch meinen, die innere Reinigung als „wissenschaftlich unhaltbar" oder als „Paramedizin" verteufeln zu müssen. Vielen Kranken, besonders chronisch Kranken, wird dadurch der Zugang zu naturgemäßen Heilverfahren erschwert, obwohl er möglicherweise den Weg zu entscheidender Besserung oder Heilung eröffnet hätte. Tausende Fälle, die sich schließlich trotz allen Abratens solchen Kuren unterzogen und dabei Gesundung an sich erfahren haben, können dies bezeugen.

Das Erlebnis von Fasten- und Ableitungskur

Denn führt man eine Fasten- oder Ableitungskur durch, dann erlebt man körperliche und seelische Vorgänge, Reinigungskrisen und Befreiungsvorgänge, wie man sie sich schwer vorstellen kann. Ärzte wie Nichtärzte erklären einhellig, so etwas Eingreifendes, Entlastendes, Befreiendes, ja sogar Beglückendes, wie das Selbsterlebnis der körperlichen Reinigung, hätten sie sich niemals zuvor vorstellen können. Das gilt auch für die rasch vorübergehenden, aber recht unangenehmen Entgiftungs- und Krisenreaktionen, wie sie bei Menschen mit starken Verschlakkungs- und Übersäuerungszuständen auftreten können. All dies macht es erforderlich, daß alle Ärzte, die solche Kuren leiten wollen, zuvor auch selbst gründlich gefastet haben müssen.

Reinigungskuren laufen mehr oder weniger deutlich in zwei Phasen ab.

Die Reinigungsphasen

Erste Phase:
Hier erweisen sich die Darmausscheidungen als auffallend übelriechend und mißfarbig. Oft zeigen sie alle möglichen Farbschattierungen von schwarzbraun über dunkelgrün bis giftgelb. Schließlich werden sie – besonders bei der Milchdiät nach MAYR – goldgelb und fast geruchlos, etwa wie beim gesunden Baby. Daran erkennt man, daß sich der Darmtrakt weitgehend gereinigt hat. Führt man die Kur nun unverändert fort, so folgt häufig die

Zweite Phase:
Der Stuhl wird wieder kurzfristig übelriechend und mißfarbig. Nun ist die Blut- und Säfte-Reinigung über den Verdauungstrakt voll in Gang gekommen. Der Darm scheidet jetzt Schlackenstoffe aus, die durch den Abbau von Ablagerungen in den verschiedenen Geweben über die Blut-Lymphbahn in ihn abtransportiert werden. So bauen sich beispielsweise Harnsäurekristalle aus den Zehengelenken ab, so vermindern sich säurebedingte zellulitische Ablagerungen in den Oberschenkeln, schwinden Gelosen (ablagerungsbedingte Verhärtungen) am Rücken, verblassen „Alterspigmentflecke" usw., indem sie über den Blutstrom in den Darm, und von da den Körper verlassen. Erfolgt ein solcher Abbau stoßweise, dann wird der Stuhl entsprechend mißfarbig.

Jeder Mensch kann durch eine Reinigungskur profitieren

Zweifelsohne täte jedem Zivilisationsmenschen, zur Verbesserung und Erhaltung seines Gesundheitszustandes, von Zeit zu Zeit eine Reinigungskur gut.

Die Säftereinigung über die Lungen

Die Zahl der aktiv am Gasaustausch beteiligten Lungenbläschen, beträgt 400 Millionen beim Mann und 320 Millionen bei der Frau. Jede einzelne dieser Atmungskammern wird von Blut durchströmt, welches Sauerstoff aufnimmt und Kohlensäure, andere saure Abfallgase und Flüssigkeit ausscheidet. Mit jedem Atemzug wird so der Blutstrom gereinigt. Die unsichtbare, in Dampfform erfolgende Flüssigkeitsausatmung (Exspiratio insensibilis), wird in sehr kalter Luft beim Aushauchen sichtbar. Sie beträgt etwa 1 bis 1 1/2 Liter am Tag und dient der Säftereinigung und Entsäuerung des Organismus.

Die Darmreinigung verbessert die Atmung

Je kümmerlicher die Atmung eines Menschen ist, je leichter er in Atemnot gerät, je schneller ihm „die Puste ausgeht", desto ungenügender erfolgt die Ausatmung und damit die Blutreinigung über die Lungen. Jeder zu große oder sonstwie kranke Bauch erzeugt Zwerchfellhochstand und Einschränkung der Zwerchfellbewegung. Diese ist Hauptursache der verflachten Atmung und herabgesetzten Blutreinigung über die Lungen. Daher verbessert eine Behandlung der Bauchorgane, wie die Darmreinigungskur nach F. X. Mayr, die Zwerchfellbewegung, und stellt die beste Maßnahme zur Verbesserung der Atmung und der Säftereinigung über die Lungen dar. Gesundheit läßt sich nicht ersitzen!

Auch körperliche Leistungen in frischer, guter Luft steigern – ungezwungen – die Atemleistung und wirken sich durch ihren säftereinigenden Effekt als natürliche „Blutwäsche" aus.

Die Säftereinigung über die Haut

Wegen ihrer säftereinigenden Kraft wird die Haut als „dritte Niere" bezeichnet. Mit Millionen Schweiß-, Duft- und Talgdrüsen säubert sie die Säfte von Schlacken und Giften. Muß die Haut mehr Giftstoffe als normal ausscheiden, so kann sich der Schweiß verfärben und auf der Wäsche, z. B. in der Achselgegend, Flecke oder Ringe von gelblicher bis bläulicher Tönung hinterlassen. Noch ärger ist der Zustand der Säfte, wenn schon ohne besondere Anstrengung Schweiße und Nachtschweiße auftreten. Sie entlasten wohl das Blut und können dem Körper Fieberanfälle ersparen; sie bringen aber auch zum Ausdruck, wie notwendig Säftebehandlung geboten ist.

Einen hohen Vergiftungsgrad verraten auch übler Haut- und Körpergeruch, Hautausdünstungen und Schweißgerüche, die säuerlich, ranzig, stechend oder ammoniakalisch-latrinenartigen Charakter annehmen können. Dies kommt auch bei Menschen vor, deren Körperpflege nichts zu wünschen übrig läßt.

Den eigenen Körpergeruch – beim Gesunden ein Wohlgeruch – empfindet der Betreffende kaum und kann ihn daher schwerlich beurteilen. Wie viele gepflegte Menschen jedoch infolge ihrer Säfteverderbnis übelriechende Hautausdünstungen abdampfen, das wissen nur der Arzt und der Masseur, der ja die nackte Haut unter seinen Händen bearbeitet. Wenig bekannt ist auch, wie viele Ehen gefährdet werden, da der Körpergeruch eines Ehepartners mit zunehmender Säfteverderbnis immer widerwärtiger und abstoßender wird, so daß die intimen Beziehungen darunter leiden.

Schwitzen dient der Säftereinigung

Es ist wertvoll, wenn die Haut bei Bedarf gut schwitzen und damit den Säftestrom reinigen kann. Dadurch wird Krankheiten vorgebeugt oder sie werden besser überwunden. Bei vielen Menschen ist aber die Haut bereits in so schlechter Verfassung, daß sie nicht mehr schwitzen kann. Sie fällt für den Säftereinigungsprozeß aus und wirkt dadurch an der Entstehung vieler Leiden, auch der Erkältungskrankheiten und des Muskel- und Gelenkrheumatismus mit.

Säftereinigungskuren sorgen für die Regeneration der funktionsschwachen Haut sowie die Beseitigung schlechter Körpergerüche. Diesen Effekt unterstützen Hautpflege, Wasseranwendungen, Massage und Sauna.

Die Säftereinigung über die Nieren

Die Nieren besitzen rund 130 000 sogenannte Glomeruli, Filterstationen mit komplizierten Röhrensystemen. In 24 Stunden werden hier etwa 200 Liter Blut durchgeschleust, gefiltert und von harnbildenden Substanzen gereinigt. Der Harn muß bei normalem Säftezustand goldgelb, klar, rein und frei von intensivem Geruch sein. Auch bei langem Stehen im Glas soll sich kein Satz bilden. Andere Eigenschaften hingegen, wie ziegelrote bis bierbraune Farbe, Trübung, Flockung, Wolkenbildung, Niederschlag, Bodensatz und scharfer, stechender Geruch sprechen für beeinträchtigten Säftezustand. In solchen Fällen sind die Nieren bemüht, das Blut von abnormen Beimengungen zu befreien, welche im Urin oft auch sichtbar und riechbar werden. Die Abweichungen der Urinzusammensetzung stehen daher zu den Abweichungen der Blutzusammensetzung in einem bestimmten Verhältnis.

Beschaffenheit des Harns während der Reinigungskuren

Charakteristisch ist das Verhalten des Harns während einer Säftereinigungskur. Jedes Mal, wenn eine Giftwelle den Körper verläßt, tritt trüber, dunkler, satziger und übelriechender Urin auf. Zeigt der Harn jedoch andauernd mangelnde Konzentration, wobei er stets schwach gefärbt bleibt und so aussieht, als wäre er noch extra mit Wasser verdünnt, so spricht dies für Übermüdung der Nieren. Während einer Reinigungskur kommt meist wieder normale Nierentätigkeit und Normalharn zustande. Auch der getrübte Harn klärt sich immer mehr.

Die Grundlagen im Überblick

- Alle Teile des Körpers, alle Zellen und Organe werden vom Säftestrom mit lebenswichtigen Stoffen ernährt und von Abbau- und Giftstoffen gereinigt.
- Ohne diese Reinigung würden sie in ihren eigenen Stoffwechselschlacken ersticken.
- Jede ungenügende innere Selbstreinigung führt zur Vergiftung der Säfte und Gewebe, und damit zur Krankheit.
- Die Leistung und Gesundheit der Organe hängt somit vom Säftezustand und der Säftezirkulation ab.
- Die unentwegt stattfindende Selbstreinigung und Entsäuerung vollzieht der Organismus über die Lungen (Kohlensäureausscheidung), Haut (Dunst, Schweiß), Nieren (Urin) und vor allem über den Verdauungsapparat.
- Der Verdauungsapparat ist das Wichtigste – aber durch falsche Ernährungsweise am leichtesten zu schädigende – Säftebildungs- und Säftereinigungssystem. Er ist der Schlüssel jeder durchgreifenden Blut-Säfte-Behandlung.

Alle Heilbestrebungen, die die grundlegende Gesundung des Menschen zum Ziel haben, müssen Reinigung und Gesundung der Säfte bewirken. Die Heilerfolge aller natürlichen Methoden sind in erster Linie auf die innere Entgiftung und Reinigung des Organismus zurückzuführen. Diese erfolgt zum Teil über die Haut (Kneippkur, Bäder, Packungen), zum Teil über die Lungen (Atmungs- und Bewegungstherapie), über die Nieren (Trinkkur, Reibebäder), über den Darm (Diät, Karlsbaderkur) und über alle Entgiftungssysteme zugleich (Heilfasten, Mayr-Kur, Milde Ableitungskur). Je erfolgreicher die innere Reinigung gelingt, desto günstiger wird das Heilergebnis.

Teil II

Wie Krankheiten entstehen

Krankheiten befallen uns nicht aus heiterem Himmel, sondern entwickeln sich aus täglichen kleinen Sünden wider die Natur. Wenn diese sich gehäuft haben, brechen sie scheinbar auf einmal hervor.

Hippokrates

Krankheitsstadien sind Vergiftungsstadien der Säfte

Fast täglich fragen Patienten ihren Arzt, wieso sie – urplötzlich – erkrankten. Wie selbstverständlich gehen sie davon aus, daß dieses Leiden just an dem Tage entstanden sei, an dem es sich erstmals peinsam gemeldet hat. In Wirklichkeit gingen diesem Krankheitsausbruch aber zumeist Monate oder Jahre voraus. Der Anlaß, der das Leiden hervorgebracht hatte, war nur das letzte Glied einer Kette verschiedenster Belastungs- und Schädigungsfaktoren, die schon vorher den Säftezustand verschlechtert und die Gesundheit untergraben hatten.

Das stille Stadium

Ein Leiden entsteht nie „über Nacht". Es beginnt zunächst unmerklich, still und leise, im beschwerdefreien „stillen Stadium". Man könnte hier auch von einem Vorstadium des Leidens sprechen. In diesem fühlen sich die meisten noch gesund; sie verhalten sich sorglos und häufen Fehler auf Fehler, die oft viel später noch als Hauptursache des Leidens nachzuweisen sind. Alltäglich sieht man in der ärztlichen Sprechstunde Fälle wie:

die mollige Geschäftsfrau, die nach der Ursache ihrer Darmerkrankung fragt, und nicht bedenkt, daß sie durch Jahrzehnte (!) massenweise darmreizende Entfettungs- und Abführtabletten eingenommen hat. Oder den gehetzten Vertreter, der nach der Ursache seiner Gefäß- und Kreislaufstörungen fragt, und nicht bedenkt, daß er durch Jahre als Kettenraucher und starker Kaffeetrinker seine Säfte und Gewebe systematisch übersäuert hat; oder

den Stubenhocker, der nach der Ursache seiner Herzstörungen fragt und nicht bedenkt, daß er sich durch üppige Nachtmähler und Bewegungsmangel einen „Großtrommelbauch“ mit allen seinen Auswirkungen angemästet hat – die Liste dieser Beispiele ließe sich beliebig fortsetzen.

Das stille Stadium ist wegen seiner Symptomarmut gefährlich

Kaum wahrnehmbar verschlechtert sich allmählich der Säftezustand. Und diese kaum merkliche Verschlechterung verleiht eine trügerische Sicherheit und läßt annehmen, daß die begangenen Fehler vom Organismus anstandslos vertragen werden. In Wirklichkeit summieren sich verschiedene Schädigungsfolgen, bis eine Erkrankung ausbricht.

Drei Ursachen des stillen Stadiums lassen sich unterscheiden, nämlich die vorgeburtlichen Schäden, die versteckten Schäden von außen und die versteckte Schäden von innen.

Die vorgeburtlichen Schäden

Die Natur übt ein heimliches Gericht; leise und langmütig, aber unentrinnbar; ihre Wirkungen verbreiten sich über Generationen, und der Enkel, der verzweifelt über das Geheimnis seiner Leiden brütet, kann die Lösung in den Sünden seiner Väter finden.

Feuchtersleben

Und wirklich: Die Menschen treten nicht immer im besten Gesundheitszustand aus ihrem vorgeburtlichen in das nachgeburtliche Leben ein. Im Gegenteil, Lebenstüchtigkeit, Heilungstendenz und Vitalität der einzelnen Neugeborenen sind äußerst verschieden. Bald weniger, bald mehr durch familiär weitervererbte Organschwächen belastet, unterschiedlich durch Krankheitsdispositionen geprägt und verschieden durch die während der Schwangerschaft der Mutter erlittenen Gifteinwirkungen beeinträchtigt, erblicken sie das Licht der Welt.

Das werdende Leben erhält die für den Aufbau seines Lebens erforderlichen Substanzen über die mütterlichen Säfte, besonders das Blut. Daher ist die Qualität dieser Säfte während der Schwangerschaft und der Stillperiode für das Kind von allergrößter Bedeutung. Viele Schädigungen der mütterlichen Säfte treffen das Kind aber nicht in gleichem Ausmaß wie die Mutter, sondern stärker, weil die embryonalen Gewebe empfindlicher sind. Wohl nicht jede, aber so manche Giftwelle, welche die mütterlichen Säfte beeinträchtigt, gleich ob sie als Folge von Vielesserei, Genußgiften, Übermüdung oder Kränkung entstanden ist, durchflutet auch die Frucht. Jeden Zigarettenzug, jeden Mokkaschluck, den sich die Schwangere leistet, „raucht" und „trinkt" der Embryo mit, was die sofortige Veränderung seiner Herzfrequenz beweist. Und daß auch manche Krankheiten wie etwa die Röteln von der Mutter auf das Kind übergehen und es nachhaltig schädigen können, dürfte heute allgemein bekannt sein.

Fehler der werdenden Mutter gehen auf den Embryo über

Ebenso bekannt, aber noch immer nicht hinreichend beachtet wird auch die Tatsache, daß Medikamente den Embryo schädigen können. Noch lange wird von jenen Präparaten gesprochen werden, die Anfang der 60er Jahre besonders für Schwangere und Kleinstkinder empfohlen wurden und vielfach rezeptfrei erhältlich waren: die Thalidomide Contergan oder Softenon. Ihre vermeintliche Harmlosigkeit wurde erst nach längerer Umlaufzeit in der ganzen Welt durch gräßliche Auswirkungen wie Mißbildungen, Wasserkopf, Blindheit, Robbenhände und -füße, Idiotie usf. der Neugeborenen widerlegt. Daß auch zahlreiche andere Medikamente Keimschäden bewirken können, wenn sie in größeren Dosen zur Determinationsperiode eingenommen werden, wagt heute niemand mehr zu bestreiten. Die unmißverständlichen Feststellungen des Berner

Pharmakologen Professor Gordonoff zu diesem Thema haben bis heute nichts an Gültigkeit verloren [3].

Die Leichtfertigkeit vieler Frauen und werdender Mütter, schon bei geringsten Beschwerden Medikamente einzunehmen sowie die Nachgiebigkeit vereinzelter Ärzte, ungenügend erprobte Medikamente zu verschreiben, ließ sich – damals wie heute – nur durch die Nichtbeachtung der Symptomarmut des stillen Stadiums erklären. Das anscheinende Ausbleiben unangenehmer Begleiterscheinungen bei vielen Medikamenten verleitet nämlich zur Annahme, daß damit ihre Harmlosigkeit bewiesen sei. Unzählige Frauen nehmen daher unbesorgt unter Umgehung ärztlicher Kontrolle ständig weitere Medikamente ein. Auch Fernsehen ist im Frühstadium der Schwangerschaft ungünstig. So berichtet W. Herbst vom Radiologischen Institut Freiburg in der Zeitschrift *Familie: „Wenn werdende Mütter im Frühstadium der Schwangerschaft den Fernsehapparat meiden, können einige Fälle von Mißbildungen ausgeschaltet werden."*

Fernsehen während der frühen Schwangerschaft

Nur zu oft überschreitet die Summe aller Kleinschädigungen die Schwelle des Verträglichen und wird zur Krankheitsursache. Der Säugling, das Kleinkind und Schulkind müssen dann mit geschwächter Gesundheit büßen, was die Mutter gesündigt hat.

Der Kinder zuliebe

1. Eltern, die sich Kinder wünschen, sollten vor deren Zeugung eine Blutreinigungskur durchführen, um in gereinigtem, entschlacktem Zustand ein neues Leben zu begründen.
2. Die künftige Mutter sollte alles unternehmen, um vor und während ihrer Schwangerschaft ihren Säftezustand rein zu erhalten. Sie sollte eine geordnete Lebensweise einhalten und möglichst gesund, giftfrei leben. Die Darmreinigungskur nach F. X. Mayr, kühle Reibesitzbäder, Trockenbürsten und Wechselduschen wirken in dieser Zeit besonders günstig.

Die versteckten Schäden von außen

H. H. Reckeweg bringt es auf den Punkt, wenn er schreibt: *„Gesundheit ist Freiheit von Giften und Giftschäden"*, schließlich wirken täglich Fremd- und Giftstoffe auf den Menschen ein: Auspuffgase von Benzin- und Dieselfahrzeugen, Fabrik- und Kaminabgase, verbrauchte Luft in Fabriken, Büros und Schulen, Färbungs- und Konservierungsmittel, Medikamente von hormonell-antibiotisch gefütterten Tieren, Rückstände chemischer Düngungsmittel, Schädlings- und Unkrautvertilgungsmittel, Herbizide, Pestizide, Detergenzien in der Nahrung, Chlor im Trinkwasser, körperfeindliche Viren und deren Gifte, die immer häufiger im Jahr „grippale Infekte" verursachen, radioaktiver Abfall aller bisherigen Atombombenexplosionen, Isotope wie Strontium 90, saurer Regen – die Liste wächst ständig.

Dazu führen sich viele Menschen noch mehr an Genuß-, Sucht- und Arzneimitteln zu, als ihr Körper entgiften kann. Am verhängnisvollsten ist aber nach wie vor die falsche Ernährungsweise, die gerade heute mit ihrer Maßlosigkeit wieder in den Vordergrund tritt. Was vor 3500 Jahren auf einem ägyptischen Papyrus niedergeschrieben wurde, gilt unverändert:

„Die meisten Menschen essen zu viel. Von einem Viertel dessen, was sie verzehren, leben sie selbst, von den restlichen drei Vierteln leben die Ärzte." Die meisten Ärzte aller Zeiten haben dieselbe Ansicht vertreten. F. X. Mayr prägte den Satz: *„Wer arbeitet wie ein Drescher (Schwerarbeiter an frischer Luft, „Arbeiter der Faust"), der darf auch essen wie ein Drescher. Wer aber nicht arbeitet wie ein Drescher („Arbeiter der Stirn", Büromensch, Angestellter), der darf auch nicht essen wie ein Drescher!"* Und noch immer gilt der Satz: *„Die Kost, die einem Schmied gut tut, die zerreißt – allmählich aber sicher – den Schneider!"*

- Es wird heute fast allgemein zu hastig, zu nervös oder zu gierig gegessen.
- Es wird zu schlecht gekaut, fast gar nicht eingespeichelt.
- Es wird zu viel gegessen, oder zu viel durcheinander, oder zu oft und zur falschen Zeit.
- Es wird zu schwer verdauliche Kost gegessen (zu fett, zu süß, Gebackenes usw.), eine Kost, die zu der körperlichen Leistung des Betreffenden in Mißverhältnis steht.

F. X. Mayr

Wer erkannt hat, wie allgemein gegen diese Grundregeln verstoßen wird, dem dürfte es einleuchten, daß die übliche Ernährungsweise allmählich, kaum bemerkbar, sozusagen aus dem „Hinterhalt", den Verdauungsapparat schädigt, ihn zum Vergiftungsherd der Säfte und zur Hauptursache von Krankheiten macht. Damit werden aus den versteckten Schäden von außen (maskierte exogene Intoxikationen) bereits die versteckten Schäden von innen begonnen:

Die versteckten Schäden von innen

Die im kranken Darm entstehenden Gifte sind es nachweisbar, die den Menschen krank, vorzeitig alt und häßlich machen.

F. X. Mayr

Die Selbstvergiftung vom Darm

Folgen von Überfütterung

Unter Einfluß möglicher vorgeburtlicher Schädigungen und der von Müttern, Großmüttern und anderen wohlmeinenden Angehörigen ausgeübten Überfütterungsmethoden entwickelt sich das zivilisierte Kleinkind oft zum heißhungrigen (= krankhaften) Vielfraß oder zum appetitlosen, blaßmageren Suppenkaspar. Auch viele Variationen zwischen diesen beiden Extremen sind bekannt. Viele Kinder befinden sich daher, wenn sie nicht schon ärgere Verdauungsstörungen aufweisen (Dyspepsie, Dystrophie usw.), im stillen Stadium eines Verdauungsschadens. Warnzeichen verraten dies, wie belegte Zunge, Zahnschäden, Mundgeruch, Magen- und Bauchweh, Blähungen, aufgetriebener Leib, Seitenstechen, „Blinddarmschmerzen", harte, seltene oder breiige, übelriechende Stühle, Eingeweidewürmer oder die sogenannten Fernwirkungen der Selbstvergiftung vom Darm.

Fehlernährung führt zur Fehlverdauung.

Folgen der Fehlernährung

Speisereste bleiben in zersetzter Form im Darmkanal liegen; sie können verkrusten, Kotsteine in Ausbuchtungen, Divertikeln und sogar im Wurmfortsatz bilden; sie können sich wie Kesselstein an der Darmwand festsetzen und die Schleimhäute „austapezieren"; sie können die Filter- und Entgiftungsfunktionen der Schleimhäute lähmen, giftige Gase bilden, den Nahrungsabbau stören und schädlichen Mikroben als Brutstätte dienen. Solche Schmarotzermikroben vermehren sich schnell, unterdrücken die körpernützliche Darmflora und produzieren eigene Gifte. So wird der Darmtrakt zu einem Vergiftungsherd für den ganzen Menschen. Nach Erfahrung namhafter Bakteriologen leidet heute ein maßgeblicher Anteil aller Zivilisationsmenschen an einer bakteriellen Fehlbesiedlung des Darmes (Dysbiose). Daher ist, gerade in Frühstadien, sogar im kleinkindlichen Alter, eine Darmreinigungskur von großem Nutzen für das Kind und seine Weiterentwicklung.

Jede anhaltende Fehlernährung, vom schlampigen Kauen bis zum Naschen zwischen den Mahlzeiten rächt sich: sie bringt den Verdauungsapparat allmählich in den Zustand der Übermüdung.

Die im Darm entstehenden Gifte gelangen zum Entgiftungsorgan Leber. Auf die Dauer kann die Leber den anhaltenden Giftzustrom nicht unschädlich machen, sondern erleidet selbst eine Schädigung. Die Darmgifte überfluten dann die Leberschranke und gelangen, vom Blutstrom weitergetragen, zu allen Zellen des Organismus. Solche Selbstvergiftung vom Darm beeinträchtigt den Zustand aller Säfte und Gewebe und erzeugt – meist insgeheim als versteckte tiefere Ursache – die verschiedensten Leiden.

Es gibt kaum Erkrankungen, an deren Entstehung ein geschädigter Darm nicht mitbeteiligt ist

Anzeichen einer möglichen Selbstvergiftung

Kopfschmerzen, benommener Kopf, Depressionen, Reizbarkeit, Verstimmung, Traurigkeit, Müdigkeit, Muskelverspannung, Kreuz-, Rücken- und Gelenkschmerzen, Herz- und Kreislaufschwäche, Erschöpfbarkeit die Liste ließe sich beliebig verlängern.

Die Selbstvergiftung vom Darm kann auch Fernsymptome verursachen. Diese Zusammenhänge werden trotz ihrer enormen Bedeutung für die gesamte Heilkunde noch sehr wenig berücksichtigt. Allerdings hat schon Metschnikoff klar genug gewarnt: *„Im Darm sitzt der Tod!"*.

Und F. X. Mayr hat erklärt: *„Der geschädigte Darm ist das verbreitetste, unbekannteste und dennoch folgenschwerste aller Übel!"*

Grundsätzliche Gesundung des Menschen ist nur möglich, wenn er selbst alle vermeidbaren Schäden von außen (falsche Ernährungsweise, Giftzufuhr) abstellt und die inneren Vergiftungsherde beseitigt: Die Blut-Säfte-Behandlung muß sich daher besonders auf die Gesundung des kranken Verdauungsapparates, als wichtigster Vergiftungsquelle von innen, konzentrieren.

Die Selbstvergiftung durch ungenügende Säfte-(Selbst-)Reinigung

Wenn die Säfte-(Selbst-)Reinigung und Entsäuerung mangelhaft wurde, dann verbleiben mehr Gifte im Körper zurück; der Giftspiegel in den Säften steigt an. Dadurch alarmiert, steigern die übrigen Ausscheidungsorgane ihren Ausstoß, um den vom kranken Darm verursachten Giftüberschuß abzubauen und eine Allgemeinvergiftung zu verhindern. Haut, Nieren und Lungen scheiden dann auch solche Stoffwechsel-Substanzen aus, die normalerweise über den Darm nach außen gelangen. Dies kann sich an den gesteigerten und veränderten Ausscheidungen dieser Organe, wie an Hautausdünstungen, übelriechendem Schweiß, an der Ausatmungsluft und am veränderten (trüben, satzigen) Urin bemerkbar machen – was zu Nierensteinen führen kann. So ist es auch kein Wunder, daß der Mundgeruch mancher darmkranker Menschen, besonders am Morgen, nur als aashaft zu bezeichnen ist.

Mangelnde Darmreinigung ist die Hauptursache der Nierensteine.
Das Versagen der Selbstreinigung zwingt die Nieren kompensatorisch einzuspringen und ihnen nicht gemäße Stoffe auszuscheiden. Diese führen dann zur Überforderung der Nieren, zum satzigen Harn und zur Sand- oder Steinbildung. Nierenkranke benötigen daher Säftebehandlung über den Darm.

Die gesteigert arbeitenden übrigen Blutreinigungs- und Entsäuerungsorgane werden jedoch mit der Zeit selbst überfordert, es kommt zur Retentionsintoxikation. Doch gibt sich der Körper noch immer nicht geschlagen. Um Rückstauung von Giften zu verhindern und den bedrohten Gesundheitszustand zu retten, benützt er weitere Auswege, die Notventile.

Die Notventile

Die monatlichen Blutungen der Frau stellen einen Selbstreinigungsvorgang der Gebärmutter dar. Bei schlechtem Säftezustand dienen die Blutungen gleichzeitig der allgemeinen Blutreinigung. Länger anhaltende, zu intensive und schmerzhafte Blutungen, Nachsaften, üble Gerüche, hellrot wässerige bis dunkelschwarzrote Verfärbungen, klumpige Beschaffenheit und andere Veränderungen der Abgänge zeigen häufig an, daß mit den Blutungen reichlich Giftstoffe ausgeschieden werden. Werden bei verdauungskranken Frauen die Menses zu schwach oder fallen sie ganz aus, wie etwa im Klimakterium, dann tritt leicht eine Verschlimmerung aller bestehenden Beschwerden auf. Durch Wegfall der Monatsblutungen steigt der Giftgehalt des Blutes. In diesen Fällen sind u. a. die Reibesitzbäder nach Kuhne (S. 95) angezeigt.

Beim Mann können mit der Samenflüssigkeit Giftstoffe nach außen gelangen. Auch die Talgdrüsen am männlichen Glied können Gifte ausscheiden, so daß hier als Folge heftige Entzündungen entstehen können nicht nur beim Mann, sondern viel häufiger bei der Frau, der durch den Geschlechtsverkehr solche Giftstoffe „eingeimpft“ werden. Besonders Entzündungen und Geschwüre (Erosionen) am Muttermund, können so besonders bei mangelhafter Reinlichkeit des Mannes gefördert oder verursacht werden.

Auch der Scheidenausfluß (Fluor vaginalis) stellt ein Notventil dar. Häufig schon bei jungen Mädchen als weißer Fluß auftretend und fälschlich als Verkühlungsfolge angesehen, greift dieser Reinigungsvorgang wegen seines Giftgehaltes früher oder später die Schleimhäute an, so daß örtliche Entzündungen mit Komplikationen sich einstellen. Weil die Ursache dieser Erkrankung in der Verunreinigung der Körpersäfte zu suchen ist, versagen hier auch meist alle lokalen Therapien. Auch hier können Reibesitzbäder helfen.

Als Notventil unreiner Säfte dient weiter die Tränenflüssigkeit. Bei den morgens verklebten Augen und Verunreinigungen in den Lidwinkeln handelt es sich um verunreinigte Tränenflüssigkeit, die infolge ihres abnormen Schlackengehaltes verkrustet. Auch manche Lidrand- und Bindehautentzündung der Augen ist nichts anderes als Folge einer ätzenden Wirkung giftbeladener Tränenflüssigkeit, eine Auswirkung allgemeiner Säfteverunreinigung. Leicht blutende Hämorrhoiden wieder hat man seit alters her als „goldene Ader" bezeichnet, da sie das am Mastdarm gestaute und verunreinigte Blut öfters „zur Ader lassen", was für die Gesundheit „Goldeswert" besitzt.

Die Selbstvergiftung von anderen Streuherden

Ein schon längere Zeit bestehender schlechter Säftezustand mindert die Abwehrkraft des Körpers. Das führt leichter an gefährdeten Stellen zu Entzündungen und Eiterungen, die dann zu Streuherden, Vergiftungsquellen werden können. Vereiterte Mandeln, beherdete und oft auch „tote" Zähne, beherdete Kieferknochen auch bei bereits fehlenden Zähnen (Restostitis), Amalgam-, Palladium- oder andere Schwermetallbelastungen, chronische Nebenhöhlenprozesse, chronische Blinddarm- oder Eierstockentzündungen oder ähnliches können schwerste Leiden an Herz, Nieren und Gelenken usw. verursachen. Nur eine radikale Sanierung kann jetzt noch helfen.

Das humorale Krankheitsstadium

In diesem Stadium befindet sich der Kriegsschauplatz, in dem sich die Krankheiten abwickeln, noch vorwiegend im direkten Einflußbereich von Blut und Säften (Humores). Man spricht daher vom humoralen Krankheitsstadium. Dieses verläuft nach Reckeweg [4] in drei Phasen:

Die Ausscheidungs- oder Exkretionsphase

Krankheit ist ein Versuch der Natur, die schlechten Stoffe hinauszuwerfen.
E. Felke

Der akute Giftabwehrkampf

Gelingt es dem Organismus und seinen Selbstreinigungsmaßnahmen nicht mehr, die Säfte ausreichend zu entgiften, so tritt ein akuter Giftabwehrkampf, das ist eine akute Krankheit, auf. Diese beginnt mit der Phase der Ausscheidung (Exkretion). Hier zwingt der Körper durch Appetitlosigkeit, ja Ekel vor Nahrungsaufnahme, den Kranken zum Fasten, wodurch er weitere Giftentstehung durch Nahrungszersetzung im Darm verhindert. Er zwingt den Betroffenen zur körperlichen Schonung oder gar Bettruhe, wodurch mehr Kräfte der Krankheitsbekämpfung dienen, und die Schleusen des Leibes öffnen sich: Ausscheidungsorgane und Notventile arbeiten auf Hochtouren soweit sie noch dazu in der Lage sind. Bei sogenannten Erkältungskrankheiten und grippalen Infekten kann der Körper aus allen Poren triefen, Giftstoffe, Krankheitserreger und deren Toxine ausschwitzen, wobei die Haut oft nur darauf wartet, „abladen" zu dürfen. Der Körper kann auch Schleim aushusten und ausspucken, Tränenflüssigkeit ausscheiden und über die Nase ganze Bäche in Form des Schnupfens zum Fließen bringen. Durch Niesen, Schleimauswurf und katarrhalische Ausscheidungen im Bereich aller Schleimhäute des Leibes, sowie durch Erbrechen, Durchfälle und Harnflut werden Giftstoffe und Mikroben ausgeschwemmt, während durch Fieber Schlackenstoffe und Mikroben verbrannt werden.

Grippale Infekte

Alle Maßnahmen, welche diese Giftausleitung unterstützen, wie Fasten, Abführen, Schwitzen, Bäder, Wickel, Packungen, Waschungen usw. erweisen sich hier als die sinnvollste und erfolgreichste Therapie.

Je rascher und gründlicher der Körper die Giftstoffe ausscheidet, desto rascher ist die Erkrankung beseitigt. Darüber hinaus wirkt sich diese Ausschwemmung auch als eine „Generalreinigung und Entsäuerung von Säften und Geweben" aus.

Heilsame Krankheiten
Alle Ausscheidungskrankheiten stellen Reinigungsprozesse, innere Reinigungskrankheiten des Körpers dar. Richtig therapeutisch unterstützt, bewirkt diese innere Reinigung, daß der Erkrankte nach seiner Krankheit sich in besserem Zustand befindet als zuvor. Man kann hier auch von „gesundmachenden Krankheiten" sprechen.

Die Antwort- oder Reaktionsphase

Man klagt so sehr bei jedem Schmerz und freut sich so selten, wenn man keinen fühlt.
Lichtenberg

Wird der Körper trotz aller Ausscheidungsmaßnahmen nicht Herr der Situation, dann versucht er durch Entzündungen zum Schlackenabbau und zur Befreiung von seinen Feinden zu gelangen. Diese innere gewebliche „Verdauung" hat den Zweck, Giftstoffe, Schlacken und Mikroben unschädlich zu machen. Der Organismus antwortet in dieser Phase mit Bildung von Eiter, Schleim, Exsudat, Ausflüssen, Abszessen, Phlegmonen, Anginen, Hautausschlägen – welche Giftstoffe zerstören und nach außen ableiten – und mit Entzündungsprozessen. Der berühmte Neurologe Romberg hat erklärt: *„Die Neuritis (Nervenentzündung) ist ein Schrei des Nerven nach reinerem Blut!"*

Im selben Sinne können wir fortsetzen:

Die Arthritis ist ein Schrei des Gelenkes nach reinerem Blut!

Die Hepatitis ist ein Schrei der Leber nach reinerem Blut!

Die Kolitis und Nephritis sind Schreie des Dickdarmes und der Nieren nach reinerem Blut!

Ganz allgemein gesagt: Jede „itis“ (= Entzündung) ist ein *Schrei des betreffenden erkrankten Organes nach reinerem Blut!* Mag sie als Rippenfell-, Lungen- oder Gallenblasenentzündung imponieren, mögen als auslösende Faktoren Verkühlung, Krankheitserreger mit den von innen produzierten Giftstoffen, Diätfehler und was immer im Vordergrund stehen, den Untergrund aller dieser Erkrankungen bildet ein vergifteter und damit meist sehr säurebelasteter Säftezustand des Organismus und sein natürliches Bestreben, auf dem Wege über die Krankheit wieder gesund zu werden, das heißt, sich von seiner Giftbelastung zu befreien.

Der Schrei der Organe nach reinerem Blut

Nach Reckeweg zeigen sämtliche krankhaften Vorgänge im Körper an, daß die Abwehrsysteme des Organismus im Kampf mit Giften liegen. Krankheiten sind Giftabwehrkämpfe. Die Ausscheidungs- und Entzündungskrankheiten stellen biologisch zweckmäßige Vorgänge zur Unschädlichmachung und Ausscheidung von Giftstoffen dar. Das Ziel der Therapie besteht daher darin, Entgiftungsvorgänge des Körpers zu unterstützen, Giftstoffe unschädlich zu machen und rasch aus dem Körper auszuleiten.

Die Verschlackungs-, Depositions- oder pseudostille Phase

Wie die Ratten den gefülltesten Speicher heimsuchen, so die Krankheit die überfütterten Leiden.
Diogenes

Gelingt es dem Körper nicht mehr, seine vorwiegend sauren Schlackenstoffe auszuscheiden, dann verschiebt er sie auf „Abstellgleise“. Die Ablagerung erfolgt entsprechend der Hierarchie der Gewebe zunächst in den primitiveren und weniger wichtigen Binde-, Fett- und Unterhautzellgeweben. Diese werden dadurch in ihrer Funktion immer mehr behindert. Der Wis-

Ablagerungen nach der Hierarchie der Organe

senschaftler spricht von Mesenchymblockade. Wird dieser unerfreuliche Verschlackungsprozeß nicht etwa durch eine Blut-Säfte-Behandlung gestoppt und zur Rückbildung gebracht, dann verschlacken auch die übrigen Gewebe. Schließlich bleiben noch nicht einmal Gelenke, Wirbel, Gefäße, Herzmuskel, Nerven und Sinnesorgane verschont.

Verschlackungsfolgen

Leberflecke, andere Unreinheiten der Haut, Steinbildungen in Nieren, Blase und Gallenblase, Ödeme, Gichtknoten, Gelosen, andere Erscheinungen des Weichteilrheumatismus, Ablagerungen in Gelenken (Knistergelenke), Spondylose der Wirbelsäule, gutartige Tumore (Lipome, Myome, Balggeschwülste u. a.), Fettansammlung, Arterienverkalkung, grauer Star, Otosklerose und so weiter.

Daß diese Verschlackung schon bei jungen Menschen auftreten kann, beweisen Untersuchungen aus der Zeit des Koreakrieges 1953. Die Obduktion zahlreicher amerikanischer Gefallener zeigte bei 77 Prozent dieser anscheinend organisch gesunden 22jährigen eine beginnende Verkalkung der Herzkranzgefäße!

Das häufige Auftreten von Ausscheidungskrankheiten, wie Erkältungskrankheiten, ist ein Kennzeichen für den ungünstigen Zustand der Säfte und Gewebe

Da man von Verschlackungsvorgängen in seinem Körper zunächst nichts spürt, wird dieser Krankheitsabschnitt auch als pseudostille Phase bezeichnet. Wird der Körper in dieser Phase von einer zusätzlichen Giftbelastung, Infektion, Verkühlung usw. heimgesucht, tut er gut daran, als Notwehr eine Ausscheidungskrankheit zu erzwingen. Damit befreit sich der Körper sowohl von den neu hinzugekommenen wie auch von vielen der bereits vorhandenen, abgelagerten Giftstoffen. Der Verschlakkungsprozeß wird gestoppt und das Gewebe von Giften befreit.

G. B. Shaw erklärte einmal: *„Es ist außerordentlich schwer, die Menschen zu überzeugen, daß ein Übel ein Übel ist."* Noch schwieriger ist es oft, jemandem klar zu machen, daß seine Erkältungskrankheit nicht allein auf seine Verkühlung oder Ansteckung mit Mikroben zurückzuführen ist, sondern auch auf seinen schlechten Säfte- und Gewebezustand. Daher ist eine Unterdrückung dieser Erkrankungen durch bakterienfeindliche Mittel allein nicht unbedenklich. Der innere Reinigungsvorgang, die „gesundmachende Krankheit“, wird unterdrückt und damit das Weiterschreiten eines Verschlackungsprozesses indirekt gefördert. Blut- und säftereinigende Maßnahmen wirken hingegen entschlackend und so auch vorbeugend gegen Erkältungs- und Infektionskrankheiten [5].

Das zelluläre Krankheitsstadium

Wie oben dargelegt, spielen sich die Krankheiten in ihrer Entwicklung zunächst im Blut-Säfte-Bereich ab. Wenn die vermehrten Giftstoffe nicht ausgeschieden oder deponiert werden, kann sich das zelluläre Krankheitsstadium entwickeln. Der Giftspiegel steigt und die Gifte schlagen in ihrer Wirkung zurück auf geschwächte oder vorgeschädigte Organe. Die Zellstruktur wird geschädigt.

Die Rückvergiftungs- oder Imprägnationsphase

In der Folge kommt es dann zu organischen Schäden, wie Magen- und Darmgeschwüren, ausgeprägten Entzündungen mit veränderter Zellstruktur bei schwerer Gastritis, Kolitis, toxischem Leberschaden, Herzklappenfehler, Bronchialasthma, Lymphknotenschwellung, Kalkverarmung der Knochen (Osteoporose) und zahlreichen anderen Leiden, deren verschiedene Namen sich in reicher Auswahl in den Krankenakten der Spitäler finden.

Auch diese Leiden, deren klinische Bezeichnungen vielfach mit den Silben „pathie“ enden, wie Myokardiopathie (Herzmuskelleiden), Cholezystopathie (Gallenleiden), Spondylopathie (Wirbelleiden), benötigen zu ihrer Rückbildung die Entgiftung und Entsäuerung. Rückbildung ist aber wo noch möglich schwerer zu erzielen als im humoralen Krankheitsstadium.

Die Entartungs- oder Degenerationsphase

Der hier vorherrschende Schaden greift bereits derart tief in die Organstruktur ein, daß er nicht mehr wiederhergestellt werden kann. Hierher gehören Leberzirrhose, Schrumpfniere, Multiple Sklerose, Knochenmarkschwund, schwere Verkrümmungen der Wirbelsäule, organisch bedingte Lähmung, Erblindung, Ertaubung usw.

Die Krebsbildungs- oder Neoplasmaphase

Der Kochtopf ist ein wesentlicherer Krebsfaktor als die Vererbung

Werner Zabel

Das ist ganz sicher richtig, auch wenn der Vorgang der Krebsentstehung heute der Wissenschaft noch zahlreiche Rätsel aufgibt. Ohne Zweifel sind beim Krebs spezifische Krebsgifte, sogenannte Karzinotoxine, am Werk. Es spricht alles dafür, daß diese nur dort angreifen können, wo schon vorher durch lang andauernde oder besonders hochgradige Vergiftung eine Anfälligkeit, eine Krebsbereitschaft erzeugt wurde. Auf dem Boden einer vorgeschädigten und strukturgestörten Zellpartie können einwirkende Krebsgifte viel eher das schrankenlose Zellwachstum und die Organzerstörung hervorrufen. Es dürfte im Grundsätzlichen immer das Gleiche sein, ob nun bei Krebsleiden, bei Infektionskrankheiten oder im großen gesehen in der freien Natur: Aasgeier treten nur auf und vermehren sich nur dort, wo reichlich Aas anfällt; Ratten befallen nur Keller, die Abfälle bieten, und Kröten besiedeln nur Wiesen, die versumpft sind. Wo kein Aas, kein Abfall und kein Sumpf ist, dort gibt es keine Aasgeier, keine Ratten oder Kröten.

Wo die Körpersäfte und Gewebe sich beständig reinhalten und nicht übersäuern, dort ist für feindliche Parasiten, Mikroben, Krebsgifte kein geeigneter Angriffsplatz. Wo kein „versumpfter" Nähr- und Mutterboden besteht, ist die Möglichkeit, an Krebsleiden zu erkranken, auf ein Minimum herabgesetzt, wenn ihre Entstehung dort nicht überhaupt ausgeschlossen ist. Daher muß die Gefahr, an Krebs zu erkranken, um so geringer sein, je gesünder, entgiftungs- und abwehrfähiger Blut, Säfte und Gewebe sind.

Regelmäßige Reinigungskuren können sowohl vor Infektionskrankheiten wie auch vor gutartigen und bösartigen Leiden schützen

Daher müßten gerade jene Menschen, deren Angehörige an Karzinom, Sarkom oder Leukämie erkrankt sind, oder jene, die sich mit der Geißel der magischen Krebsangst quälen, nicht untätig zuwarten: Sie könnten durch säftereinigende Maßnahmen den ihnen vermeintlich oder wirklich drohenden Gefahren vorbeugen.

Von allen Schadensfaktoren aber, welche den Säfte- und Gewebezustand chronisch verschlechtern, kommt den Giften, die durch Übermaß an Essen und durch Speisenzersetzung im Darm entstehen, die größte Bedeutung zu. Daher werden heute auch der „Kochtopf", die „Überfütterung" und die „verkehrte Ernährungsweise" von namhaften Wissenschaftlern als maßgebliche hintergründige Krebsfaktoren bezeichnet.

Wie weitgehend man aber sein gesundheitliches Schicksal selbst beeinflussen kann und wie weitgehend Vorbeugung zu betreiben ist, das lehrt die folgende Geschichte von Sadi [6]:

„Ein König von Persien sandte einen geschickten Arzt zum Dienste Mohammeds des Auserwählten; dieser blieb einige Jahre

im Lande der Araber, ohne daß jemand zu ihm kam, ihn zu befragen oder ein Heilmittel von ihm zu verlangen. Endlich ging er eines Tages zu dem Propheten und beklagte sich darüber. ‚Man hat mich geschickt', sagte er, ‚deine Gefährten zu heilen; aber in dieser langen Zeit hat sich nicht einer an mich gewandt, daß ich den Dienst, der mir aufgetragen ist, hätte verrichten können.' Der Prophet erwiderte ihm: ‚Diese Leute haben die Gewohnheit, nicht eher zu essen, als bis der Hunger sie dazu zwingt, und die Hand von der Speise wegzuziehen, noch ehe sie völlig gesättigt sind.' ‚So bleiben sie gesund', sagte der Arzt, küßte ehrfurchtsvoll die Erde und ging fort."

Zusammenfassung der Krankheitsstadien am Beispiel

Mann, 45, war in erster Kindheit verdauungskrank Damit er „groß und stark“ werde, wurde er oft unter Zwang und Drohung überfüttert, bis er blaß, dicklich und aufgeschwemmt (pastös) war. Oft litt er an Magen- und Bauchweh, Seitenstechen, Kopfschmerzen, Weinerlichkeit (Selbstvergiftung vom Darm, Funktionsstörung des Verdauungsapparates).	ererbte Organschwäche versteckte Schäden von außen versteckte Schäden von innen	**I.** Stilles Stadium ↓
Er machte zahlreiche Erkältungs- und Grippalinfekte durch. Sie wurden nur medikamentös behandelt (und damit die Selbstreinigungsversuche des Körpers unterdrückt).	Ausscheidungsphase	
Mit 40 Jahren traten heftige Gelenkschmerzen (Arthritis) an Fingern und Zehen auf. Durch monatelang gegebene Injektionen konnten sie nur beruhigt, aber nicht geheilt werden.	Antwortsphase	**II.** Humorales Krankheitsstadium ↓
Inzwischen kamen Knötchen an Gelenken dazu, häufiger „Hexenschuß“ (Lumbalgie), weichteilrheumatische Beschwerden in Nacken und Kreuz, braune Flekken in der Haut.	Verschlackungsphase	

Hätte der Patient zu dieser Zeit eine Blut-Säfte-Behandlung erhalten, wäre mit großer Wahrscheinlichkeit relativ rasch die völlige Rückbildung der Krankheit eingetreten. Da der Patient jedoch nur medikamentös, symptomatisch, behandelt wurde, schritt der Prozeß fort:

Plötzlich wurden an den Zehen die Schmerzen so arg, daß sie von keinen Medikamenten mehr betäubt werden konnten. Schließlich wurde ein Zehenglied, und zwei Monate später ein weiteres am anderen Fuß chirurgisch entfernt. Die feingewebliche Untersuchung ergab Schädigung der Zellstruktur bei Gelenkentzündung durch Gicht (Arthritis urica). Der Harnsäurespiegel im Blut war stark erhöht. Bald danach traten stärkste Schmerzen an der Handwurzel auf. Der Patient wollte seine Hand retten, ließ sich nicht mehr operieren und wechselte verzweifelt von einer Therapie zur nächsten. Er erhielt ständig hochdosierte Medikamente, fühlte sich aber immer elender; dann ließ er sich homöopathisch und naturheilkundig behandeln, dabei stieg jedoch der Harnsäurespiegel stets an, weshalb er die Kur abbrach. In diesem Zustand kam er zur Behandlung:

III. Zelluläres Krankheitsstadium ↓

Verlauf der Behandlung:

Dem Patienten wurde erklärt, daß er sich bereits im zellulären Krankheitsstadium befinde; daß er zur endgültigen Heilung längere Zeit und mehr Geduld benötige als im befinde; daß er zur endgültigen Heilung längere Zeit und mehr Geduld benötige als im humoralen Stadium; und daß sich seine Krankheit wie überhaupt jede noch heilbare Erkrankung in umgekehrter Richtung und Reihenfolge zurückentwickeln werde, wie sie entstanden sei:

Daher müsse der Patient als Folge der Behandlung noch einmal die bisherigen Stadien aber kürzer und leichter zurück durchwandern (Heilkrisen): Er werde ein akutes zelluläres, humorales und stilles Stadium erleben, also zuletzt das Akutwerden jener Organe, die vom stillen Stadium an die hintergründige Ursache seiner Erkrankung darstellen: der Stoffwechselorgane! Der Patient führte eine Darmreinigungskur nach Mayr mit hochdosierten Entsäuerungshilfen (Basenpulver) durch, kombiniert mit Rumpfreibe- und Auslaugebädern (ab S. 95).

Nach akutem Aufflackern der Gelenkschmerzen ließen diese nach zwei Wochen deutlich nach, während nun andere, einander abwechselnde frühere Beschwerden wiedergekommen waren. Auch Mundgeruch, übler Geschmack, trüber satziger Urin, schlechter Körpergeruch traten hinzu. Der Harnsäurespiegel verschlechterte sich sogar noch trotz Basenpulver! Dies alles bewies jedoch einen entscheidenden Fortschritt: Der Schwerpunkt der Erkrankung hatte sich vom gefährlichen zellulären Stadium in das ungefährlichere und leichter heilbare humorale Krankheitsstadium zurückverlagert. Je gesünder nämlich die Zellen und Gewebe geworden waren, desto besser konnten sie sich ihrer sauren Giftstoffe entledigen, wodurch der Giftspiegel in allen Säften zunächst ansteigen mußte. Allmählich klangen diese Symptome wieder mehr ab, aber nun schmerzten Nieren, Leber und Magen; der ganze Bauch war sehr empfindlich; die Stühle übelriechend, der Leib aufgetrieben. Einige Monate nach der 3. Kur war der Patient beschwerdefrei, zeigte normale Harnsäurewerte und fühlte sich wesentlich gesünder und leistungsfähiger als vor seiner Erkrankung. Sein leichtes Hinken, bedingt durch die Zehenoperation war nicht mehr zu beseitigen.

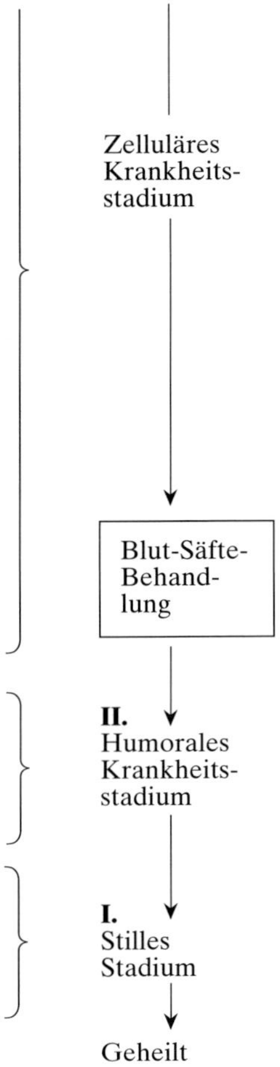

Teil III

Die Blut- und Säftebehandlung

Wenn Dir meine Theorie nicht gefällt, so laß Dir meine Praxis gefallen. Sie wird Dir mehr nützen.
Paracelsus

Die blut- und säftereinigende Behandlung ist sowohl bei den meisten chronischen, wie auch bei einer großen Zahl von akuten Erkrankungen angezeigt. Es ist aber nicht gleich, ob chronische Leiden, wie etwa eine langjährige Darmträgheit, oder akute Erkrankungsformen, wie ein fieberhafter Grippalinfekt zu behandeln sind. Dementsprechend zeigt die säftereinigende Therapie zwei grundsätzlich verschiedene Behandlungsformen.

Die beiden Behandlungsformen der Säftereinigung

Form I:
- zur Vorbeugung und Erhaltung der Gesundheit (im stillen Stadium);
- zur allgemeinen Entschlackung und Regeneration (in der Verschlackungsphase);
- zur grundlegenden Behandlung chronischer Phasen (im humoralen und zellulären Stadium).

Form II:
- zur Heilung akuter Erkrankungen, insbesondere Erkältungs-, Grippal- und sonstiger Infektionskrankheiten der Kinder und Erwachsenen (= Ausscheidungs- und Antwortphasen).

Form I der Blut- und Säftebehandlung

Ganz allgemein dient diese der Vorbeugung, Gesundheitspflege, Entschlackung-Entsäuerung und Regeneration; darüber hinaus soweit als möglich der Heilung oder zumindest Besserung von Störungen und Leiden. Dazu gehören alle Maßnahmen der Vorkur, der Mayrkur und der milden Ableitungskur.

Das Ziel ist die bestmögliche Reinigung, Entgiftung und Gesundung aller Körpersäfte. Als Auswirkung davon befreit sich der Organismus vom Schadhaften, Verbrauchten und Krankhaften. Die körperlich-seelische Einheit Mensch findet dadurch zu einer besseren Gesundheit, zu mehr Widerstandskraft und Lebensfreude. Wie sehr dies tatsächlich der Fall ist, haben längst ungezählte Millionen Menschen bewiesen, die im Sinne der alten, seit Jahrtausenden von allen Kulturreligionen empfohlenen Gebote gefastet, oder was heute aktueller ist die sich ärztlich gelenkten Heilfasten, Entschlackungs- oder Ableitungskuren unterzogen haben.

Ziel ist die bestmögliche innere Reinigung

Auf alle Fälle steht fest: eine grundlegende Blut- und Säftebehandlung ist nur möglich, wenn man sich nicht nur in einer, sondern in jeder erforderlichen Hinsicht heilungsfördernd verhält. Gewiß kann man schon durch verschiedene Wasseranwendungen allein im Sinne von Kneipp, Priessnitz, Kuhne usw. säftereinigend und heilsam wirken; oder durch systematische Gymnastik, Fitneßtraining, Yoga, Atemübungen, Kostumstellung usw. Aber wenn man sich gleichzeitig in anderer Hinsicht gesundheitswidrig verhält, dann können alle diese Bemühungen nur wenig bringen. Wenn etwa der Zuckerkranke weiterhin disziplinlos ißt, der Darmkranke Abführmittel-Mißbrauch treibt, der Besitzer eines Gas-Kotbauches unverändert sein Schlemmerleben führt, oder wenn man durch Überkonsum von Kaffee, Alkohol, Süßigkeiten, Fleisch, Schweineprodukten, Drogen usw. seinen Säftezustand weiterhin verschlechtert: Dann bewirken die angeführten Bemühungen kaum mehr als ein Tropfen auf dem heißen Stein. Dies gilt auch für die Kranken, die sich teure Bäderkuren leisten oder die sich solche Kuren von Krankenkassen bezahlen lassen, falls sie gleichzeitig eine überkalorische Gasthaus- oder Kurhauskost verzehren; oder wenn sie durch Mehrtrinken von Alkohol und Bohnenkaffee oder Mehrrauchen usw. die Heilwirkung der Bäder untergraben.

Je wirksamer man die Blutreinigungsorgane Verdauungsapparat, Lungen, Nieren und Haut in den Therapieplan einbezieht, desto besser ist das Behandlungsergebnis

So selbstverständlich das auch scheinen mag, so eigentümlich mutet es an, daß bei der Mehrzahl aller Therapieformen ausgerechnet das wichtigste Blutreinigungssystem, das Verdauungssystem, weitgehend vergessen wird. Dies gilt nicht nur für die meisten Therapien der offiziellen Medizin, deren Krankenhausküche ja exemplarisch ist für den kleinen Stellenwert, der dem Ernährungs- und Verdauungsgeschehen eingeräumt wird. Dies gilt auch für viele ganzheitsmedizinische biologische Verfahren, für Kneipp-, Terrain-, HOT- , Ardenne-, Ozon-, Frischzellen-, Geriatrie- und Bäderkuren; dies gilt ebenso für homöopathische Behandlungen, für Neuraltherapie, Akupunktur und andere: Das Verdauungssystem bleibt oft unbeachtet, was leicht an den unvollständigen, die jeweilige Kur begleitenden Ernährungsvorschriften zu erkennen ist. Meistens fehlen sie gleich ganz.

Von rühmlichen Ausnahmen abgesehen, interessiert sich niemand für die Ernährungsweise des Patienten. Mag er sich ungesund ernähren wie er will; mag er seine Kost hinunterschlingen oder zu kalorienreich essen; sich zu große Mengen von Fleisch, von Gebackenem, von Fett, von Süßkost oder von Bohnenkaffee einverleiben; oder mag er andere verdauungsbelastende Fehler machen; gleichgültig: sie werden nur selten beachtet und noch seltener abgestellt. Wenn der Patient nicht gerade im Kurhaus verköstigt wird (und da oftmals verkehrt!), bleibt beim Essen einfach alles beim alten, so, als würden Fehler in der Ernährungsweise für den Gesundheitszustand des Menschen keine Rolle spielen. Und dies in einer Zeit, in der oft schon das Wort vom „Selbstmord mit Messer und Gabel" die Runde machte und es sich herumgesprochen hat, daß ein hoher Prozentsatz aller Erkrankungen dieser Zeit mehr oder minder im Volksmund sagt man „angefressen", richtiger gesagt: durch Fehlernährung zustande gekommen ist. Die Folgen der Fehlernährung beschränken sich aber keineswegs nur auf jene Personen, denen man es schon von außen ansieht, im Gegenteil: Besonders oft sind es auch die Schlanken und Überschlanken, die durch Fehlernährung geschädigt sind. Ihr Verdauungsapparat besitzt nur nicht die Vitalität, jede Fehl- oder Überernährung gleich mit Fettspeicherung und Gewichtszunahme beantworten zu können. Bei ihnen reagiert der Darm um so mehr mit Speisenstagnation, mit Nahrungszersetzung und Giftbildung im Inneren.

Paracelsus sagte: *Alle Dinge sind Gift und nichts ohne Gift. Allein die Dosis macht, daß ein Ding kein Gift ist.*

Jedes Übermaß an Nahrungszufuhr, besonders jedes **Zuviel** an hochwertigsten Nahrungsmitteln, wie an tierischem Eiweiß oder ebenso an Rohkost, ist eine Überdosis. Jede Überdosis wird durch krankhafte Ablagerung oder Zersetzung zum Schadensfaktor, zum Gift. Zu große Mengen von rohem Obst fallen im Darm der Gärung anheim, sie erzeugen große Säuremengen und lassen fuselartige giftige Alkohole, wie Propanol und Butanol entstehen [7]. Zu großer Fleischkonsum wieder führt zu den Eiweiß-Mastkrankheiten, das heißt zu Ablagerungen mit zunehmender Verdickung der Blutgefäße, die unter anderem schließlich Bluthochdruck, Herzinfarkt, Rheumatismus, Schlaganfall usw. hervorrufen können [8]. Zwar wollen dies nur die wenigsten hören, aber es ändert nichts an der Tatsache:

Jedes** Zuviel **wird zum Schadensfaktor

Wir leben in einer Massenkonsum- und Überflußgesellschaft. Dem kann sich keiner entziehen, jeder einzelne ist unweigerlich betroffen. Seit über vierzig Jahren gibt es hierzulande keine kargen Zeiten mehr, keine kargen Monate, nicht einmal karge Wochen oder auch nur Tage. Es gibt keinen auf kurze Zeit hindurch anhaltenden, gesunden Hunger. Wir bekommen praktisch jederzeit alles, was wir uns nur wünschen, und davon reichlich bis überreichlich. Das gesunde Training durch einen ausgleichenden Wechsel, also durch einen kurzfristigen Mangel in der Nahrungszufuhr existiert nicht mehr. Das verwöhnt und verweichlicht, es schafft ungesunde Abhängigkeiten, ja es ist generell schädlich.

Der menschliche Organismus ist mit einer Fülle von Speichersystemen ausgestattet. Speicher sind sehr wertvoll, aber sie dürfen nicht nur gefüllt, sondern müssen von Zeit zu Zeit entleert werden. Eine zeitweilige Einschränkung ist daher für die Erhaltung der Gesundheit genauso wichtig, wie in der übrigen Zeit eine ausreichende Ernährung. In einem längeren Zeitraum der Überfülle tötet das Ausbleiben des Hungers genauso viele Menschen (oder läßt sie dahinsiechen) wie der Nahrungsmangel in einer Hungersnot.

Nicht nur die Millionen an Hunger sterbenden Menschen in der dritten Welt sind eine Schande, sondern auch die am Überfluß zugrundegehenden Wohlstandsbürger

Von 1948 bis 1978 ist die Todesrate an Herzinfarkt pro Jahr um das Zwanzigfache angestiegen! Nach den Untersuchungen von Prof. Wendt ist dies vorwiegend auf den ununterbrochenen Überkonsum an tierischem Eiweiß (Eiweißmast) zurückzuführen. Ähnliche Steigerungsraten zeigen aber auch die allermeisten anderen chronischen Krankheiten. Wenn dies heute trotz aller Errungenschaften der modernen Medizin der Fall ist; wenn die Grundgesundheit der Bevölkerung schlechter wird; wenn immer mehr Krankenhäuser, mehr Ärzte, mehr Medikamente benötigt werden; dann schreit dies förmlich nach einer ursächlichen Behandlung gegen die Schäden von Wohlstand, Fülle und Überfülle! Es ahnen heute wohl die meisten Wohlbeleibten und Übergewichtigen, welchen Tatsachen sie ihren vorgewölbten Bauch, ihre rundlichen Proportionen und ihre Risikofaktoren verdanken: das Schlechterwerden ihrer Blutbefunde, die Neigung zu Gicht, Rheumatismus, Diabetes, Gelenk- und Wirbelsäulenleiden, Arthrosen, Gefäß- und Herzerkrankungen, zu Hochdruck und Verkalkung. Dessen sind sich die Schlanken und Mageren nur selten bewußt, weil sich ihre Fehlernährung nicht oder nur wenig auf ihre Figur, auf ihr Gewicht oder auf die genannten Risikofaktoren schlägt. Bei ihnen wirkt sich dafür oft schon jeder kleine Ernährungsfehler anderweitig aus. Zum Beispiel fördert er Symptome der Verdauungsschwäche, als da wären verlängerte Verweildauer der Speisen im Magen-Darmtrakt, Gärungs- und Fäulnisvorgänge, Luftaufstoßen, Aufgetriebensein, Völlegefühl, Blähungen, Stuhlprobleme, Verstopfung oder gärigbreiige Stühle, Giftbelastung der Körpersäfte, Blässe, Schwäche, schlechter Appetit, Müdigkeit, Unterdruck, Benommenheit, Frieren, Infektneigung und so weiter.

Der Mensch in unseren Breitengraden, gleichgültig ob dick oder dünn, leidet unter einer Dauerbelastung seines Verdauungssystems. Es bilden sich schädlichen Stoffe im Darm, die über die Blut- und Lymphbahn den Gesundheitszustand des Organismus untergraben. Die Wirkung solcher „trüben Quellen" beginnt im stillen Stadium. Aus allen diesen Gründen ist eine grundlegende Blut- und Säftereinigung ohne entsprechende Ernährungseinschränkung und ohne Darmsanierung bestenfalls eine halbe Maßnahme.

Einleitung der Milden Ableitungskur

Die Vorkur

Menschen, die meinen, öfters als zweimal am Tage essen zu müssen, sind Barbaren.

Sokrates

Vor jede Therapie haben die Götter die Diagnose gestellt. Mit Recht. Zunächst soll die Ausgangssituation des Patienten durch den Arzt festgestellt werden. Dafür ist die diagnostische Methode nach Dr. F. X. Mayr besonders günstig, da sie viele Schädigungen des Verdauungsapparates, insbesondere des Dünndarms, objektiv aufdeckt. Von der Diagnose hängen viele Einzelheiten der Kurdurchführung ab, daher ist unbedingt ein diesbeziiglich ausgebildeter Arzt zu Rate zu ziehen. (Eine Liste der ausgebildeten Mayr-Ärzte schickt auf Anfrage die „Gesellschaft der Mayr-Ärzte", Postfach 102840, D-69018 Heidelberg).

Die Einstellung des Kuraspiranten soll natürlich ebenso interessiert sein wie die des leidenschaftlichen Autofahrers, der sein Fahrzeug von einem Fachmann überholen läßt. Dieses Mal soll ja bei ihm selbst ein „Ölwechsel" durchgeführt werden, eine „Große Inspektion", die sich oft schon als viel dringender erwiesen hat, als die Überholung seines Fahrzeuges.

Kurvarianten

Im stationären Sanatoriumsbetrieb wird je nach Bedürfnis und Notwendigkeit im Einvernehmen von Kurarzt und Kurgast gewählt zwischen:

1. Heil- oder Teefasten nach F. X. Mayr
2. Milchdiätkur nach F. X. Mayr
3. Milde Ableitungskur

Für die ambulante Kurdurchführung, auch bei gleichzeitiger Berufsausübung, stehen zur Wahl:

1. die milde Ableitungskur
2. die Milchdiätkur nach F. X. Mayr

Bei der ambulanten Kur ist die Wahl einfach: man beginnt fast immer mit der leicht durchzuführenden Vorkur. Nach ein bis zwei Wochen Vorkur erkennt der Arzt aus dem bisherigen Verlauf, ob es nun günstiger ist, diätetisch im wesentlichen gleich zu bleiben und mit den Zusatzmaßnahmen der milden Ableitungskur einzusetzen, oder ob es sich nun empfiehlt, mit der Milchdiät nach F. X. Mayr zu beginnen.

Wenn vom Arzt nicht anders bestimmt, sind bei der Vorkur acht Anweisungen einzuhalten:

1. Berieselung des Verdauungswegs durch salinische Wässer (morgens) mit Basenpulver zur Entsäuerung (S. 69)
2. Trockenbürsten, morgens und abends
3. Wechselduschen, morgens und abends
4. Wahre Eßkultur
5. Regelung und Disziplinierung der Mahlzeiten
6. Entspannungspause vor dem Mittagessen
7. Zeitiges Schlafengehen
8. Trinkkur

1. Berieselung des Verdauungswegs durch Salinische Wässer

Täglich morgens nüchtern wird 1/4 Liter warmes Wasser (oder dünngebrühter Kräutertee) mit einem gestrichenen Teelöffel Bittersalz mit der gleichen Menge eines entsäuernden Basenpulvers getrunken. Zur Geschmacksaufbesserung kann ein wenig Zitronensaft beigefügt werden, so daß das Getränk nach einem etwas bitteren Grapefruitsaft schmeckt. Anschließend Punkt 2 und 3.

Bei Durchfallneigung wird der Arzt in der Regel Karlsbadersalz (eine Messerspitze bis einen Teelöffel) dem Bittersalz vorziehen.

Auch das seit alters her gerühmte Glaubersalz kann verordnet werden, oder Kruschensalz oder das wohlschmeckende F. X. Passagesalz (Virgil Mayer, Bad Cannstatt).

Bei hartnäckiger Verstopfung, die auf obige Salzlösung nicht anspricht, verordnet der Arzt vorübergehend meist zweimalige Einnahme derselben Dosis, so daß sich meist in Kürze durch regelmäßige Einnahmen regelmäßige Entleerungen einspielen.

Es gibt Patienten, die gegen solche Salinischen Salze voreingenommen sind, da sie die oft in Spitälern verabreichten hochkonzentrierten Dosen (mehr Salz in weniger Wasser) schlecht vertragen und den Geschmack als widerlich empfunden haben. Im Gegensatz dazu wird die beschriebene Dosierung nach Dr. Mayr immer gut vertragen, denn bei dieser besitzt die Salzlösung eine Konzentration, die derjenigen der Gewebeflüssigkeit ungefähr entspricht. Sie rieselt den Magen-Darm-Kanal hinunter, löst nach und nach von seinen Wänden alte Speise- und Kotreste ab und schwemmt sie dem Darmausgang zu. Sie wirkt auf Leber, Galle und die übrigen Verdauungsdrüsen reinigend und sekretionsfördernd und unterstützt den Verdauungsapparat in seiner Aufgabe, die Körpersäfte zu entgiften.

Durch die Salzlösung nimmt der Stuhl zunächst meist flüssige Form an und wird ein- bis dreimal täglich abgesetzt. Nur wenn große Mengen oder besonders giftige reizende Schlacken ausgeschwemmt werden, können viel zahlreichere Entleerungen auftreten. In solchen Fällen kann vorübergehend die Salzdosis weggelassen oder vermindert werden. Mit der Ausscheidung treten nicht selten Kotsteine und charakteristische Reste von Speisen zutage, die vor Monaten zum letzten Male genossen wurden, wie etwa Obstschalen. Auch beträchtliche Mengen übelriechender, giftig zersetzter, mißfarbiger Stuhlmassen können entleert werden. Häufig kommen aber auch „nur" enttäuschend geringe Ausscheidungen zum Vorschein. Das trifft besonders bei jenen Darmkranken zu, bei denen die übrigen Ausscheidungsorgane schon seit langem gezwungen sind, dem geschwächten Darm möglichst viel von seiner Arbeit abzunehmen. Statt normaler Stuhlmengen treten vorübergehend meist Harnflut, übelriechende Hautausscheidungen und schlechter Mundgeruch auf. Gerade solche Kranke brauchen besonders konsequente Kurdurchführung.

Die Verdauungsberieselung mit Bittersalz wird morgens, wie angeführt, mit einem Basenpulver zur Entsäuerung unterstützt. Das Basenpulver erleichtert den gesamten Kurverlauf. Es läßt sich in jeder Apotheke herstellen und soll außer der Morgeneinnahme noch allein, ohne Bittersalz, meist zweimal täglich eingenommen werden: vormittags oder nachmittags, und immer abends vor dem Schlafengehen, da die wichtigsten Entsäuerungsvorgänge über Nacht ablaufen. Man gibt einen gestrichenen Teelöffel Basenpulver auf $^1/_4$ l Wasser.

Basenpulver

Die hier genannten Basenpulver beinhalten nur Substanzen, die normalerweise in jedem Körper vorkommen. Bei der heute allgemein verbreiteten Verschlakkungs-/Übersäuerungssituation sind sie in viel zu geringen Mengen vorhanden, werden aber bei Entschlakkungskuren in erhöhtem Ausmaß benötigt. Sie beschleunigen den Kurfortschritt und vermindern unangenehme Entgiftungsreaktionen.

Zur milden Ableitungskur hat sich von verschiedenen Basenpulvern besonders bewährt:

Basenpulver III nach Rauch

Magnesium citr.		
Kalium hydrogencarb.		
Natrium monohydrogenphos.	āā	10,0
Kalium citricum		15,0
Calcium carb.		70,0
Natrium hydrogencarbon.		85,0

M.f.p.s. 1 TL auf $^1/_4$ l Wasser.

Andere Basenpulver finden sich im *Lehrbuch der Diagnostik und Therapie nach F. X. Mayr*, erschienen im Karl F. Haug Verlag, Heidelberg.

2. Trockenbürsten

Morgens, nach Einnahme der Salzdosis, sowie abends vor dem Schlafengehen wird der nackte Körper möglichst bei offenem Fenster mit einer trockenen, nicht zu großen Borstenbürste kurz abgebürstet. Sehr geeignet dafür sind auch die im Reformhaus zu beziehenden rauhen Handschuhe oder Waschlappen zum Trockenbürsten.

Damit wird die Haut besser durchblutet und durchwärmt. Bei schlechtem Kreislaufzustand und bei großen Krampfadern soll vorsichtig in Richtung zum Herzen hin gebürstet werden. Sonst hingegen empfiehlt sich überall das einfache Hin- und Herbürsten, wie Schuhewichsen und das Bürsten in Kreistouren, bis der ganze Körper durchgearbeitet ist. Die Dauer soll zwei bis drei Minuten nicht überschreiten. Das Trockenbürsten bewirkt Kapillartraining und Aktivierung der Hautfunktionen. Wird die Haut jedoch allmählich zu trocken, dann ist weniger und seltener zu bürsten und die Haut öfter mit einem Hautpflegeöl einzureiben. Sofort im Anschluß an das Trockenbürsten morgens und abends erfolgt Wechselduschen.

Kapillartraining

3. Wechselduschen

Man duscht im Stehen mit einer Handbrause den ganzen Körper warm bis heiß so lange ab, bis wohlige Durchwärmung („durch und durch“) und eine Rötung der Haut eingetreten sind. (Kreislaufschwache dürfen anfangs nur kurz und nicht zu heiß duschen!) Dabei bleibt die Badewanne verschlossen, so daß der sich Brausende im warmen Wasser steht. Sodann schaltet man auf ganz kalt (!) um, holt vorerst tief Luft und atmet stets solange kalt geduscht wird durch den Mund aus. Als erstes führt man den kalten Wasserstrahl von den Zehen des rechten Fußes im raschem Zug das Bein bis zur Leiste aufwärts und wieder zurück. Dann atmet man wieder tief ein. Es folgt das linke Bein (dabei ausatmen). Bei gleicher Atmungsart (vorher einwährend des Duschens ausatmen!) werden sodann der rechte und hierauf der linke Arm kalt geduscht, dann After und Geschlechtsteil, Bauch, Brust, Gesicht, wobei mit dem Strahl kleine Kreisbewegungen gemacht werden. Der Rücken soll vom Ungeübten vorerst nicht kalt geduscht werden.

Technik der Wechseldusche

Sofort anschließend wird der Körper mit einem Frottierhandtuch kräftig trockengerieben, bis die Haut gut gerötet und wohlige Durchwärmung eingetreten ist.

Nach dem Abendduschen kann an Stelle des Trockenfrottierens auch bloßes Abstreifen der Nässe mit der Hand erfolgen, worauf gut zugedeckt nachgedünstet wird (fördert tiefen Schlaf!).

Bei fixierter Dusche verfährt man sinngemäß, indem ein Körperteil nach dem anderen kurz unter den Strahl geführt wird.

Das Kaltduschen darf immer erst nach vorheriger Durchwärmung und jeweils nur kurz vorgenommen werden.

Tritt im Anschluß an Wechselduschen Frösteln oder Kältegefühl auf oder bleibt die erwünschte „Neubelebung“ aus, dann wurde fehlerhaft vorgegangen. Besonders Kälteempfindliche sollen behutsam beginnen und das anfangs auf Arme und Beine allein gezielte Kaltduschen allmählich so steigern, daß jedesmal die richtige Reaktion mit anhaltender Durchwärmung eintritt. Andernfalls müßte die Kälteanwendung zunächst zurückgestellt werden.

Da jede Kälteanwendung, auf die Durchwärmung folgt, aktive Wärmetherapie darstellt, wirkt sich das Wechselduschen entgegen der allgemeinen Laienauffassung auch bei Gelenk- und Muskelrheumatismus, bei „Hexenschuß", Erkältungs- und Infektionskrankheiten sehr vorteilhaft aus. Die Belebung von Kreislauf und Hautfunktionen sowie der Entgiftungseffekt macht die Wechseldusche zu einer wichtigen Hilfsmaßnahme jeder blutreinigenden Therapie. Die Wasser- und Kältescheuen, die ewig Verkühlten, die Stubenhocker, die kreislaufschwachen Kaffeesüchtigen, die Bewegungsträgen und die „Bürohämorrhoidariker" benötigen sie besonders dringend.

Wo eine Duschmöglichkeit fehlt, dort stellt sich der Badende in ein Gefäß mit heißem Wasser und frottiert sich energisch und schnell mit einem wiederholt einzutauchenden Waschlappen den Körper heißfeucht ab. Anschließend bleibt er im warmen Wasser stehen, taucht jedoch den Waschlappen in kaltes Wasser und reibt sich feuchtkalt ab, bis die Haut überall gut gerötet ist.

4. Die wahre Eßkultur

Der Mensch in seiner Nervosität, Hast und Ungeduld muß das richtige Essen erst wieder lernen.

An Stelle des fast allgemein üblichen schlampigen Kauens und verfrühten Hinunterschlingens der Speisen, anstatt während des Essens zu diskutieren, zu lesen oder fernzusehen, sowie im Gegensatz zu anderen Fehlern, die sich mit einer gesunden Art der Nahrungsaufnahme nicht vereinbaren lassen, muß jetzt wahre Eßkultur treten.

Wahre Eßkultur

Neben dem, was sowieso wie selbstverständlich beachtet werden sollte, wie appetitliches Anrichten der Speisen, Konzentrieren auf das Essen und Zeit lassen zum Essen, kommt es jetzt darauf an:

- nur kleine Bissen in den Mund zu nehmen,
- viel langsamer, mit Behaglichkeit zu essen,
- wesentlich gründlicher zu kauen (in der Regel 50mal pro Bissen)
- um ein Vielfaches besser einzuspeicheln, und
- jeden einzelnen Bissen auszuschmecken und durch und durch zu genießen.

Während der Umstellung auf solche Eßweise müssen die Kauakte gewissenhaft gezählt werden, um wieder gründlich kauen zu lernen. Nur dadurch wird das bereits automatische Hinunterschlingen der ungenügend zerkauten Speisen verhindert und der Eßvorgang kontrolliert. Auch muß man sich konzentrieren, jeden Bissen mit genügend Speichel zu vermischen, was anfangs nicht beachtet wird und auf Schwierigkeiten stößt.

Durch das übliche fehlerhafte Essen sind bei den meisten Menschen die Speicheldrüsen verkümmert, leistungsschwach geworden und arbeiten so schlecht wie Muskeln, die jahrelang kaum geübt wurden. Daher müssen die Speicheldrüsen jetzt um so gründlicher in den Eßvorgang eingeschaltet, geübt und wieder funktionsfähig gemacht werden. Wie die Muskeln des Sportlers durch Training immer tüchtiger werden, so erstarken auch die Speicheldrüsen durch wahre Eßkultur.

Wie notwendig solche Umschulung im Essen ist, davon kann sich der heutige „Durchschnittsesser" keine richtige Vorstellung machen. Er muß die günstigen, tief eingreifenden Resultate dieser Umerziehung erst selbst erleben, um sie glauben zu können. Näheres darüber im Kapitel „Wie soll man essen?", das auch auf die Ergebnisse des Amerikaners H. Fletcher eingeht, in Rauch, E.: *Die Darmreinigung nach Dr. F. X. Mayr*, Karl

F. Haug Verlag, Heidelberg. Diese Eßweise ist Voraussetzung für den Erfolg der Reinigungskur und zählt zu den Grundgeboten der echten Gesundung und Gesunderhaltung.

Je besser gekaut und eingespeichelt wird, desto besser wird die Nahrung vorverdaut und weiterverdaut

Nur von der Mundhöhle aus – durch gutes Kauen und Einspeicheln – können wir den Verdauungsvorgang und die Säftebildung zu unserem Vorteil beeinflussen. (Der Säftestrom beginnt im Verdauungstrakt zu fließen!) Nach einem schlampigen Essen, wenn die schlecht gekauten, mangelhaft eingespeichelten Speisen im Magen oder Darm liegen, sich zersetzen, durch Gärung und Fäulnis Säuren und Gase bilden und die Säftevergiftung vom Darm aus einleiten, sind wir machtlos und können uns nur vornehmen, das nächste Mal richtig zu essen. Da gute Vorsätze gerade in diesem Punkt nur allzuleicht vergessen werden, muß das Bemühen, richtig zu essen, strengstens und so lange mit unerbittlicher Konsequenz (Selbstdisziplin!) durchgeführt werden, bis die Eßkultur in Fleisch und Blut übergegangen ist.

Gründliches Essen festigt das Zahnfleisch und den Zahnsitz, kräftigt die Kaumuskeln und steigert Produktion und Verdauungskraft des Speichels.

Vom Vielfraß zum bescheidenen Esser

Angenehmer Nebeneffekt dieser neugewonnenen Eßkultur: Das Essen schmeckt besser, weil sich die Geschmacksstoffe der Speisen besser entfalten können. Man kann solange essen wie es schmeckt, ohne fürchten zu müssen, zuviel zu essen, weil bei dieser Nahrungsaufnahme der Magen seine Fähigkeit, die Sättigung rechtzeitig zu melden, allmählich wieder zurückgewinnt (Neuerweckung des Sättigungsreflexes). Wahre Eßkultur ist daher das beste und billigste Mittel, ohne Hunger zu empfinden, sich aus einem Vielfraß in einen normalen Esser rückzuverwandeln. Der Verdauungstrakt wird entlastet, erholt und reinigt sich, Blut und Gewebe entschlacken sich, und wir stehen ohne Medikamente in Kürze in spürbarer gesundheitlicher Aufwärtsentwicklung.

Gut gekaut ist halb verdaut!
Gut verdaut ist gut gelaunt!

Die Kursemmel nach Dr. Mayr

Zu Speisen, die sich wegen ihrer weichen Konsistenz schlecht kauen lassen, nimmt man ein Stück alten Brotes oder die Kursemmel nach Dr. Mayr. Diese ist eine etwa drei Tage alte Semmel, die härter als eine Schneidesemmel, aber weicher als eine Reibesemmel ist. Durch ihre Beschaffenheit zwingt sie zu festem Kauen und gründlichem Einspeicheln. Nach der Kur nur mehr vollwertiges Brot essen!

5. Regelung und Disziplinierung der Mahlzeiten

Die Mahlzeiten geben reichlich Gelegenheit, die Selbstdisziplin zu erproben. Nach Dr. Mayr sind nur zwei reguläre Mahlzeiten gestattet:

1. das Frühstück (frühestens eine halbe Stunde nach Trinken der salinischen Lösung).
2. das Mittagessen (frühestens $4^1/_2$–5 Stunden nach dem Frühstück).

Im allgemeinen wird während der Vorkur noch keine Diät verordnet, jedoch soll nur solche Kost gewählt werden, die sich nach der eigenen Erfahrung als leicht verträglich bewährt hat.

Die Zwischenmahlzeiten am Vor- und Nachmittag, Obstpausen, Nachmittagskaffees usw. entfallen, damit sich der Verdauungsapparat zwischen den Mahlzeiten unbehindert reinigen kann. Jede, auch die kleinste Zwischenmahlzeit, verzögert den Kurerfolg.

Das Trinken

Zur Verdünnung und Ausschwemmung der in Bewegung geratenen Giftstoffe ist es sehr wichtig, oftmals Kräutertee, Wasser oder kohlensäurearme Mineralwasser zu trinken. Wenn nicht anders verordnet, sollen täglich gut drei Liter getrunken werden! Trinken von heißen Kräutertees verschafft im Falle eines Hungergefühls Sättigungsempfindung. Bei etwaiger Übelkeit, die gelegentlich als Entgiftungsreaktionen vorkommen, ist zusätzlich Trinken zur Giftausschwemmung erforderlich. In seltenen Fällen, wenn anfangs trotz des Trinkens ein starkes Eßbedürfnis nicht schwindet, ja sogar quälend wird, ist gründlichstes Kauen der Kursemmel nach Mayr (aber nichts anderes!) jederzeit gestattet.

Die Abendmahlzeit besteht nur aus ein bis drei Tassen heißen Kräutertee, etwa Lindenblüten-, Melissen-, Erdbeer-, Brombeerblättertee, evtl. mit einem Teelöffel Honig und etwas Zitronensaft angereichert. Auch hierzu darf eine Kursemmel nach Mayr eingenommen werden.

Kräutertees werden am besten aus Kräuterhandlungen bezogen. Pro Tasse wird nur eine Prise Tee (die Menge, die leicht von drei Fingern erfaßt wird) mit kochendem Wasser überbrüht und maximal zwei Minuten ziehen gelassen.

Grund für die Einschränkung der Abendmahlzeit:

Der Darm geht mit den Hühnern schlafen
und steht mit ihnen wieder auf.

Franz Xaver Mayr

Das Abendessen ist die ungünstigste aller Mahlzeiten, da sie die Verdauungsorgane zu jener Zeit belastet, in der sie Ruhe benötigen. Über Nacht befindet sich der Verdauungsapparat in seiner natürlichen Ruhephase. Das Abendessen wird daher weniger verarbeitet und ungenügend verdaut. Wenn aber in den Morgenstunden der Darm wieder lebhaft zu arbeiten beginnt, dann gelangen die Verdauungsprodukte und Zersetzungsgifte jener Kost, die über Nacht im Darm minderwertig geworden ist, in die Blutbahn. Daher ist es verständlich, daß so viele Menschen gerade am Morgen wie vergiftet, wie betäubt oder wie nach einer durchzechten Nacht aussehen, obwohl sie nicht zu spät zu Bett gegangen sind. Viele haben ein blaßweißes verquollenes und verklebtes Gesicht, belegte Zunge, schlechten Mundgeschmack, Mundgeruch, bleierne Müdigkeit und andere Vergiftungssymptome. Das ist auch der Grund, warum zahlreiche Menschen am Morgen so appetitlos sind, sich vor einem Frühstück sogar regelrecht ekeln. Am späteren Vormittag, wenn die nächtlich entstandenen Darmgifte ausgeschieden sind, tritt bei ihnen Appetit und sogar Heißhunger auf. Dieser Säftevergiftung durch Zersetzung des Nachtmahls begegnen wir durch Einschränkung der Abendmahlzeit.

6. Entspannungspause vor dem Mittagessen

Vor dem Mittagessen schaltet der Patient eine Entspannungspause ein. In dieser soll er sich von Berufsproblemen, von Unerfreulichem und Belastendem frei machen, soll zwischen Alltag und Mahlzeit eine innere Trennwand aufrichten und sich erholen.

Essen ist ein kombinierter seelisch-körperlicher Vorgang. Ein Mensch, der unter Streß eine Mahlzeit einnimmt, wird sich damit mehr schaden als nützen. Bei manchen Personen genügt eine kurze Entspannungspause; wenige Minuten freudigen Erwartens der Mahlzeit reichen völlig aus, um gute Appetitsaftbildung im Magen und gesteigerte Bekömmlichkeit zu erwirken. Während der Kur sollten sich alle Patienten, soweit nur irgendwie möglich, täglich vor (!) dem Mittagessen für eine halbe Stunde hinlegen!

Dazu sollen sie sich eine heiße Wärmflasche oder noch besser einen Dunst-Thermophor auf den Bauch legen.

Der Dunst-Thermophor

Ein Handtuch wird in warmes Wasser getaucht, ausgewunden, gefaltet und auf den Bauch gelegt. Darauf kommt eine heiße Wärmflasche. Ein trockenes Frottierhandtuch, über die Wärmflasche und rund um den Körper gelegt, steigert die Wirkung noch. Nach Abnahme der Packung reibt man die behandelte Stelle kurz kaltfeucht ab, damit sich die Poren wieder schließen. Der Dunst-Thermophor fördert die Durchblutung, Entgiftung und Gesundung aller Bauchorgane, besonders der Leber, Galle, des Magens und Dünndarmes. Bei Leberschaden und Darmentzündung ist er unentbehrlich.
Er sollte nicht verwendet werden:

1. während der Menstruation (Steigerung der Blutung!)
2. bei Erkrankungen mit Unterleibs- oder Darmblutungen und
3. während der Schwangerschaft

Um die Bedeutung dieser Maßnahme zu betonen, sei bemerkt, daß viele Ärzte ihren Patienten, die sich niederlegen müssen, erklären, daß sie jede weitere Behandlung ablehnen würden, sollte gerade diese Anordnung nicht strikt durchgeführt werden.

7. Zeitiges Schlafengehen mit Bauchwickel

Wegen des Werts des Schlafes vor Mitternacht ist zeitiges Schlafengehen geboten. Es liegt am Arzt, den für den Einzelfall spätesten Zeitpunkt zum Schlafengehen festzusetzen. Ein Kurkandidat sollte bedenken, daß während der Kur vermehrter Schlaf nötig ist. Das unentwegte Fernsehen, das bei vielen allabendlich den Einschlaftermin bis in die späten Nachtstunden verzögert, ist weder für Augen noch für Nerven günstig. Auch dürfte es das

Seelen- und Familienleben der wenigsten vertiefen, so daß Fernsehverbot oder zumindest frühzeitiges Abschalten zur Therapie gehört.

Beim abendlichen Niederlegen wird ein Bauchwickel angelegt, ein Prießnitzumschlag (S. 158) oder ein Dunst-Thermophor. Ersterer kann über die ganze Nacht, letzterer soll mindestens eine halbe Stunde angelegt bleiben. Schläft der Behandelte schon vorher ein, so entfernt er die Packung, sobald er sie nachts spürt. Die sonst anzuschließende Kaltabreibung entfällt.

8. Trinkkur

Alle geschilderten Maßnahmen werden durch häufiges und reichliches Trinken von einwandfreiem Trinkwasser und dünn gebrühten Kräutertees, eventuell auch von Mineralwässern (mit keinem oder möglichst wenig Kohlensäuregehalt) unterstützt. Auch wenn es anfangs nicht leicht fällt: es sollen davon etwa drei Liter über den Tag verteilt getrunken werden. So wird die Ausschwemmung des Verbrauchten und Schadhaften beschleunigt, und die Blutreinigung vorangetrieben. Besonders unterstützend erweist sich dabei die entsäuernde Wirkung von Basenpulvern und die spezielle Heilwirkung einzelner Kräutertees:

Brennesseltee fördert die Blutbildung (Eisengehalt) und Nierentätigkeit, führt zu vermehrter Ausschwemmung von Harnsäure und Rheumagiften, regt die Tätigkeit der Darmdrüsen an und belebt die Immunabwehr. Die Brennessel allein oder gemischt mit anderen Kräutertees zählt zu den besten blutbildenden und blutreinigenden Heilpflanzen.

Melissentee beruhigt das vegetative Nervensystem, stärkt es und fördert den Schlaf. Er löst Verkrampfungen im Magen-Darmtrakt, im Unterleib (Periode), und auch in den Herzkranzgefäßen. Melisse fördert wohltuend die Herztätigkeit und hat sich zur Kurunterstützung bestens bewährt. Frischer Zitronenmelissentee aus dem Garten schmeckt ganz hervorragend!

Gänsefingerkraut-(Anserinen)Tee: entkrampft wohltuend die Verdauungswege vom Magen bis zum Enddarm, auch die Nieren und Unterleibsorgane, sowie verspannte Muskeln. Außerdem fördert er die Ausscheidung schlechter Stoffe über Darm und Nieren, löst Unterleibskrämpfe (Periode) und treibt die Entgiftung des Organismus wohltuend voran.

Schafgarbentee: Seine Bitterstoffe tonisieren die Venen insbesondere des Unterleibes und des Pfortaderbereiches, kräftigen die Durchblutung des Beckens und Bauchraumes, unterstützen die Leber, beheben venöse Stauungen und Krampfzustände, entlasten Hämorrhoiden und fördern die Verdauungsfunktionen. Da die Schafgarbe auch noch die Nierentätigkeit steigert, gehört sie zu den besten Kurtees.

Lindenblütentee: Dieser besonders wohlschmeckende Tee unterstützt die Kur durch seine wasserausscheidende und entgiftende Wirkung über Haut, Schleimhäute und Nieren. Er wirkt auch günstig auf das Nervensystem. Die bestmögliche Wirkung von Heilkräutern erzielt man durch individuelle Kuranwendung.

Die Kräutertee-Zubereitung

Eine Prise (die von drei Fingerspitzen leicht erfaßte Menge) kommt in ein Gefäß und wird mit einem halben Liter gerade zu kochen beginnenden Wassers überbrüht. Nur zwei Minuten ziehen lassen! Auch ganz helle Tees entfalten heilende Wirkung!

Wegmalven-(Käsepappel)Tee: Es handelt sich um Malva vulgaris, nicht zu verwechseln mit der als „Fixmalve" angebotenen Hibiscusart, die einen roten Tee mit saurem Geschmack ergibt. der wegen seines hohen Säuregehaltes zur Kur ungeeignet ist. Der Organismus soll entsäuert werden! Die Käsepappel enthält Schleim- und Gerbstoffe, die alle entzündlichen

Schleimhäute mit einer dünnen Schutzschicht überziehen und die Voraussetzung für allmähliche ungestörte Heilung schaffen. Besonders geeignet bei Entzündungen im Magen-Darmtrakt, der Atemwege, des Kehlkopfs, der Tonsillen und der Harnblase. Wirksamste Zubereitungsform für eine Tagesration: drei gehäufte Kaffeelöffel Kräuter abends mit einem Liter kaltem Wasser übergießen, morgens abseihen und tagsüber schluckweise trinken.

Darüber hinaus gibt es noch eine Fülle anderer wunderbar wirkender Heilkräuter, die je nach individuellem Bedarf angewendet werden können. [10]

9. Verlauf und Fortsetzung der Vorkur

Nach gelegentlichen anfänglichen Schwierigkeiten, bedingt durch die Umstellung oder die mitunter erst allmähliche Einregelung der Salz-Basenwirkung, zeigt der Kurpatient schon nach ein bis zwei Wochen meist ein deutlich verbessertes Befinden. Es ist allgemeine Erleichterung eingetreten, besonders im Bauchraum, wo auch etwaige Magen, Gallen- oder Darmbeschwerden vermindert wurden oder verschwunden sind. Auch Symptome der Selbstvergiftung, wie Müdigkeit, Benommenheit, Kopfdruck, Depressionen, Gereiztheit, Unverträglichkeit, Herz, Gelenk- oder Kreuzbeschwerden können schon gebessert oder „wie weggeblasen" sein. Die Untersuchung zeigt fast immer objektive Kriterien der Gesundung: Die erschlaffte oder gequollene Haut ist straffer, die hochrote Gesichtsfarbe blasser, der Bauch kleiner, gasfreier, weicher und weniger empfindlich; Leberschwellung, erhöhter Blutdruck, Ödeme sind häufig vermindert, oder andere abnorme Kennzeichen sind verbessert. Auch das Körpergewicht kann bereits um einige Kilogramm vermindert sein. Je mehr Flüssigkeiten in verquollenen, ödematösen Geweben abgelagert oder abgesackt sind, je stärker die Gewebe von verbrauchten Säften durchtränkt oder „versumpft“ sind, desto merklicher tritt Entquellung, Entwässerung und Gewichtsabnahme ein.

Gewichtsabnahme

Daher nehmen Übergewichtige und von diesen die beschriebenen „Wasserspeicherer“, am meisten ab. Es gibt aber auch Untergewichtige, die zahlreiche Gewebe durch abnorme Flüssigkeitsdurchtränkung „überschwemmt“ haben, so daß auch bei ihnen Entwässerung und damit Gewichtsabnahme im Interesse ihrer Gesundung stattfinden muß. Die Entschlackung des sieben bis neun Meter langen Darmkanals bringt ebenfalls Gewichtsentlastung mit sich.

Verliert ein stark untergewichtiger Patient schon nach einer Kurwoche wesentlich an Gewicht, dann spricht dies für einen erheblich beeinträchtigten Gesundheitszustand. Wohl braucht gerade dieser Kranke die Entwässerung und „Entsumpfung“ seiner Gewebe, aber auch ein langsames und vorsichtiges Vorgehen, sowie ein zusätzliches Salzen seiner Speisen mit Meer- oder Steinsalz. Dies stärkt seinen Magen und er verträgt es bestens, weil bei ihm ein Salzdefizit in den Geweben besteht.

Die Gewichtsabnahme wird beim schlanken Patienten von Woche zu Woche geringer, bis keine Abnahme mehr, ja sogar bisweilen schon während der anschließenden Kur Gewichtszunahme eintritt. Da jedoch die Gewichtveränderungen vielfach zu irrigen Rückschlüssen führen, treten sie gegenüber den diagnostischen Zeichen an Bedeutung völlig zurück. Nach Dr. Mayr ist die Waage kein verläßliches Gesundheitskriterium.

Durch das Ergebnis der Vorkur ermutigt, kommen die meisten Kurpatienten nun erst so richtig auf den Geschmack und sind lebhaft daran interessiert, sich den nachfolgenden Kurbestimmungen zu unterziehen.

Dem Arzt obliegt nun die Entscheidung, ob er in dem betreffenden Fall eine Mayr-Kur mit der Milchdiät oder eine Milde Ableitungskur anraten soll.

Je kultivierter und disziplinierter gegessen, gekaut und eingespeichelt wird, desto schneller werden Sie gesund

Schema der Vorkur nach Rauch

(Wird vom Arzt jedem Individualfall entsprechend geändert)

1. Täglich morgens nüchtern ¼ l lauwarmes Wasser oder Kräutertee mit 1 gestrichenen Teelöffel Bittersalz und 1 Teelöffel Basenpulver
2. Nach frühestens ½ Stunde Frühstück
3. Nach frühestens 4 ½ Stunden Mittagessen

   (zu 2. und 3.:) Eßkultur! Ruhe! Kleine Bissen! 50 × kauen! Einspeicheln! Ausschmecken!
4. Abends: nur ein bis zwei Tassen Lindenblüten-, Zitronenmelissen-, Malven-, oder Anserinentee (je nach Verordnung, evtl. mit 1 Teelöffel Honig und etwas Zitronensaft, und 1 Kursemmel)
5. Tagsüber oftmals trinken von Kräutertees (pur), Wasser oder Mineralwasser, insgesamt 3 Liter!
6. Vor dem Mittagessen Entspannungspause oder Niederlegen auf ½ Stunde mit Dunst-Thermophor
7. Morgens und abends Trockenbürsten des ganzen Körpers, danach heiß und kalt duschen oder abfrottieren, dann mit trockenem Tuch warmreiben
8. Während der Kur abends um (z. B.) 21 Uhr spätestens schlafen gehen, zuvor ¼ l Wasser mit 1 Teelöffel Basenpulver trinken
9. Abends Priessnitz-Wickel oder Dunst-Thermophor auf den Bauch
10. Verbote: z. B. evtl. sämtliche Medikamente, schweinefetthaltige Kost (Würste, usw.), Bohnenkaffee, Fabrikzucker, stundenlanges Fernsehen.

Die Entschlackungs- oder Darmreinigungskur nach F. X. Mayr

Diese wurde vom steirischen Arzt Dr. F. X. Mayr (1895–1965) aus dem Heilfasten entwickelt, mittels einer genialen eigenen Diagnostik ausgebaut und fundiert und in 60jähriger Forschertätigkeit immer vollendeter gestaltet. Heute sind es bereits hunderttausende Patienten, die dieser Kur die Erhaltung ihrer Gesundheit, ihre Genesung oder sogar ihr Leben verdanken; die Zahl der Menschen, die regelmäßig Mayr-Kuren durchführen und die sich in der Ernährungsweise nach den Richtlinien Mayrs verhalten, wächst ständig an. Da Dr. Mayr auf keiner Hochschule lehrte, sondern sozusagen als medizinischer Außenseiter – vorwiegend in Karlsbad – seine Entdeckungen machte, werden seine diagnostischen und therapeutischen Erkenntnisse heute noch von keiner Lehrkanzel verkündet und nicht von jeder Krankenkasse anerkannt. Dies konnte aber die Ausbreitung seiner Lehren nicht verhindern. Nur durch unwiderlegbare und oft fast unglaubliche Heilerfolge überzeugt, hat sich heute bereits eine beträchtliche Zahl von Ärzten im In- und Ausland auf die natürlichen Heilmethoden Mayrs spezialisiert und wirkt in Sanatorien, Kurheimen und ambulanten Ordinationen hilfreich auf immer größer werdende Kreise der Bevölkerung ein.

Aus der Tatsache, daß es sich bei der Mayr-Kur um ein besonders wirkungsvolles Heilverfahren handelt, wird es verständlich, daß diese Methode nur von einem Arzt geleitet werden soll, der eine Spezialausbildung nach Mayr erhalten und die Kur am eigenen Leib erlebt hat. Der Verfasser leitet alljährlich im Wechsel mit anderen Dozenten der „Gesellschaft der Mayr-Ärzte" Ausbildungskurse in Diagnostik und Therapie nach F. X. Mayr. Dabei erleben die teilnehmenden Ärzte selbst als Patienten die Auswirkung einer Mayr-Kur am eigenen Leib. Dieses Selbsterlebnis überzeugt auch Ärzte mehr als alle Theorie!

Eine Liste der ausgebildeten Mayr-Ärzte ist auf Anfrage zu erhalten von der „Gesellschaft der Mayr-Ärzte", Postfach 10 28 40, D-69018 Heidelberg

Der Verfasser, persönlicher Schüler des noch im hohen Alter ungemein rüstig gewesenen Meisters, hat durch Jahre die Wirkung der Mayr-Kur mit den Erfolgen vieler anderer Behandlungsmethoden (medikamentösen Therapien, Naturheilverfahren) verglichen. Er kam dabei zum Ergebnis, daß die Mayr-Kur den verglichenen Methoden gegenüber grundsätzlich überlegen ist, und wendet daher seit 46 Jahren beim weitaus größten Teil seiner Patienten die Mayr-Kur oder die daraus von ihm entwickelte Milde Ableitungskur an.

Schon aus der Vorkur, die ja eine Vorstufe der Mayr-Kur darstellt, kann man die drei Heilprinzipien der Mayr-Kur erkennen, nämlich Schonung, Säuberung und Schulung des Verdauungsapparates.

Dadurch vermindert oder beseitigt die Mayr-Kur die hintergründigen Vergiftungsquellen des Menschen, nämlich die Folgen fehlerhafter Ernährungsweise; die Folgen der Selbstvergiftung vom Darm; und die Folgen ungenügender Säure- und Giftausscheidung.

Die Schonung

Diese beginnt zunächst durch Wahre Eßkultur und die Beschränkung auf zwei Mahlzeiten. Nun kommt zur Schonung noch Diät hinzu: Beim Aufenthalt im Kurheim kann diese anfangs nur aus Teefasten nach Mayr bestehen, wird dann aber – sobald als zweckmäßig – in eine Schonkostform übergeleitet.

Mayr forderte ja auch: „Wir haben die Patienten nicht fasten, wir haben sie richtig essen zu lehren!“ Dazu verordnete er vor allem Milch und alte Brötchen, in besonderer Weise eingenommen, gab aber auch andere Schonkostformen oder Zulagen, wie sie eben dem individuellen Fall und seinem Kurverlauf entsprechend am zweckmäßigsten waren.

Behandlungsstufen im Sinne F. X. Mayrs:

1. Teefasten (nur in Sanatorien verordnet);
2. Milch-Semmel-Diät;
3. Milch-Diät mit Eiweiß- oder anderen Zulagen;
4. die später entwickelte, dreistufige Milde Ableitungsdiät

Eine Mayr-Diät im eigentlichen Sinne gibt es also nicht! Es gibt nach Mayr nur eine dem jeweiligen Fall und Kurverlauf angepaßte Schonform; diese muß durch einige Zeit, meist einige Wochen, exakt eingehalten werden.

Die Säuberung

Diese erfolgt durch das täglich genommene salinische Wasser. Im Gegensatz zu Abführmitteln reizt dieses die Magen-Darm-Schleimhäute nicht. Es durchrieselt den Verdauungsschlauch und säubert ihn von oben nach unten. Dadurch wird die Selbstreinigungsfähigkeit des Darmtraktes gefördert. Die Ausschwemmung von Schlacken und Giftstoffen aus dem Verdauungskanal wird durch den Zusatz von Basenpulver gesteigert. Dadurch sinkt schon bald der Giftspiegel von Blut und Säften, das wirkt sich auf den ganzen Organismus im Sinne einer Allgemeinentschlackung aus. Die Reinigung der Säfte entlastet die übrigen Blutreinigungsorgane: Lungen, Haut und Nieren erholen sich und arbeiten gesteigert, was an ihren vermehrten Ausscheidungen wahrzunehmen ist: Mundgeruch, klebriger Schweiß, übelriechender trüber Urin usw. treten vorübergehend auf. Intensive Säfte-(Selbst)Reinigung setzt automatisch über alle Wege ein und damit ist die erwünschte grundlegende Entschlackung des Körpers in vollem Flusse.

Die Schulung

Mayr hat zur Wiederertüchtigung des Darmtraktes eine Bauchbehandlung entwickelt, eine kunstvolle „Tastmassage“, die sich dem jeweiligen Zustand der Bauchorgane anpaßt. Diese Behandlung kann nur vom entsprechend geschulten Arzt durchgeführt werden. Sie gleicht sich dem Atmungsrhythmus an, verbessert den Atmungsvorgang, entstaut den Bauchraum, steigert die Durchblutung im Darm-Leber-Bereich, entkrampft entzündete Partien und fördert die Selbstreinigung und Zirkulation von Blut, Lymphe und übrigen Säften.

Zur Schulung gehört noch das Training der Speicheldrüsen, die Ökonomisierung der Nahrungsverwertung und die Anerziehung einer neuen Ernährungsweise. Diese sollte auch künftig beibehalten werden.

Die Entgiftung über alle Ausscheidungsorgane und die Allgemeinentschlackung bewirken grundlegende Regeneration des Organismus mit Heilung von Krankheiten. Die richtig durchgeführte Mayr-Kur kann daher als „königlicher Heilweg“ bezeichnet werden. Da die Praxis dieser Kur bereits samt allen Literaturangaben über Lehre und Methoden in einem eigenen Buch (*Die Darmreinigung nach Dr. F. X. Mayr*, Karl F. Haug Verlag, Heidelberg) detailliert dargestellt wurde, kann hier nur mehr eine unvollständige Aufzählung etlicher Beschwerden und Erkrankungen gegeben werden, die meist besonders dankbar auf die Mayr-Kur ansprechen.

Die Mayr-Kur wirkt bei:

Darmträgheit; Durchfallkrankheit; Blähsucht, Gärungs- und Fäulnisdyspepsie; Magen-Zwölffingerdarmentzündung und -geschwür; Dünn- und Dickdarmentzündung; Leber-Gallenblasenentzündung oder -schaden (direkte Heilwirkung durch örtliche Reinigung und Erholung aller Verdauungsorgane);

Herz- und Kreislauferkrankungen (durch Gewichtsabnahme und Entgiftung); Drüsenstörungen, hormonelle Dysfunktionen (durch Entgiftung); Fettleibigkeit (durch Gewichtsabnahme, Entgiftung, Drüsenbelebung);
Vegetative und klimakterische Dystonie (durch Nerven- und Drüsenentgiftung); Nieren- und Blasenerkrankung (durch Entgiftung der Harnorgane); Muskel-, Gelenkrheumatismus (durch Entschlackung und Entgiftung);
Wirbelsäulen- und Bandscheibenleiden (durch Entschlackung, Gewichtsabnahme); Kopfschmerzen, Migräne, Depressionen (durch Entgiftung); Frauenleiden, Ausfluß (durch Entgiftung, Entschlackung, Drüsenbelebung);
viele Hautkrankheiten (durch Hautentlastung, Entgiftung über den Darm); Ischias, Nervenwurzelentzündung (durch Entgiftung und Entschlackung); Anfälligkeit für Erkältungs- und Grippalinfekte (durch Entgiftung, Entschlackung, Steigerung der Widerstandskraft).
Wirksam auch zur allgemeinen Gewichtsverminderung, Hebung der Regenerationskraft, Vorbeugung und Erhaltung der Gesundheit.

Die Milde Ableitungskur

Die Milde Ableitungskur ist eine Fortsetzung der Vorkur, kombiniert mit zusätzlichen natürlichen Heilverfahren. Die Vorkur allein wäre zur Heilung zu schwach. Daher müssen nach ein- bis zweiwöchiger Vorkur weitere Maßnahmen einsetzen. Diese verordnet der Arzt je nach Fall. Dazu eignen sich besonders milde Schonkost wie die Milde Ableitungsdiät (Maßnahme 1), Heilmassagen (Maßnahme 2) und (oder) sonstige Naturheilanwendungen wie die anschließend beschriebenen Maßnahmen 3–10.

Der Arzt unterstützt die Kur entscheidend durch die Bauchbehandlung nach Mayr. Heilkräuter, ungiftige homöopathische Arzneien, sogenannte humoraltherapeutische Verfahren (Maßnahme 10) können die Säftereinigung fördern. Die meisten üblichen Medikamente hingegen, chemischpharmazeutische Präparate, mit ihren oft sehr körperfremden Stoffen gehören nicht in eine natürliche Entgiftungskur und müssen soweit als möglich gemieden werden!

Die strengen Formen der Mayr-Kur wirken eingreifender auf den Organismus als die Milde Ableitungskur. Zur Behandlung schwerer oder hartnäckiger Fälle, vor allem auch bei schweren Erkrankungen des Verdauungstraktes, sind oft strenge Kurformen vorzuziehen. Wegen ihrer erhöhten Wirksamkeit werden in Sanatorien mehr die strengeren Kurformen bevorzugt. In der ambulanten Praxis hingegen, bei berufstätigen Menschen in Städten, hängt es vom Einzelfall ab, ob strengere Mayr-Kuren oder die Milde Ableitungskur zu empfehlen sind. Für viele Berufstätige und beruflich Überforderte kann das milde Eingreifen der Ableitungskur mit ihren schwächeren Reaktionen und geringeren Belastungen viel günstiger sein, und ausreichend, um den erwünschten Erfolg zu erzielen. Allerdings benötigt sie etwas mehr Zeit und somit etwas mehr Geduld.

Ansonsten steht die Milde Ableitungskur – von obigen Einschränkungen abgesehen – der Mayr-Kur in der Wirksamkeit nicht nach.

Übersichtstabelle zur Milden Ableitungskur und weiteren Zusatzmaßnahmen

1. **Die Milde Ableitungsdiät:** Es handelt sich um eine milde, verdauungsschonende (heilende) Diät, die besonders bekömmlich ist, wobei alle verdauungsbelastende und besonders auch zellulose- und fettreiche Kost vermieden wird.
   Steigerung der mit der Vorkur eingeleiteten Schon- und Erholungswirkung auf den Verdauungsapparat. Ergänzung und Intensivierung durch Einschränkungen oder Verbote.

2. **Die Heilmassage:** Dem Kurverlauf angepaßte trockene Heilmassagen, wie Entschlackungs-, Entgiftungs-, Gelosen-, Bindegewebe, Vibrations-, Reflexzonenmassagen usw.
   Steigerung der Kurwirkung durch Entgiftung, Abbau von Stoffwechselschlacken und Ablagerungen; Unterstützung des Kreislaufs und des gesamten Kurverlaufs. Spezielle Wirkungen der einzelnen Spezialmassagen.
3. **Das Rumpfreibebad:** Unterwasserbehandlung des Unterleibs nach individuell vorgeschriebener Temperatur und Dauer.
   Funktionsanregung des Verdauungsapparates, Verbesserung der Atmung, der Zirkulation und Nierentätigkeit, Entgiftung über alle Ausscheidungsorgane. Wichtige Kuranwendung! In Sonderfällen heißes Rumpfreibebad
4. **Das Reibesitzbad für Frauen:** Badebehandlung des äußeren Geschlechtsteiles mit kaltem oder kühlem Wasser.
   Beeinflussung des gesamten vegetativen Nervensystems über die zahlreichen am Geschlechtsteil endenden Nervenäste. Steigerung der Leistung der Unterleibsorgane, der Nieren, des Darmes, der Geschlechtsorgane, Verbesserung der Entgiftungsfunktionen; Kräftigung der Nerven. In Sonderfällen heißes Reibesitzbad.
5. **Das Reibesitzbad für Männer:** Badebehandlung des Geschlechtsteiles mit kaltem Wasser.
   Entspricht der Wirkung des obigen Frauenbades. Richtig durchgeführt hat sich das Männerbad bewährt als Zusatzbehandlung bei Nierensand und Nierensteinen, Nierenschäden, Blasen- und Harnröhrenkatarrhen, Prostatahypertrophie, Potenz-

störungen sowie als Nervenkräftigungsmittel für neurasthenische Männer. In Sonderfällen heißes Reibesitzbad.

6. **Das kombinierte Reibebad:** Kombination des Rumpfreibebades und des Reibesitzbades.
   Die gleichen Heilanzeigen wie 3, 4 oder 5.
7. **Das Auslaugebad:** Vollbad bei 37 Grad von 30 bis 60 Minuten Dauer vor dem Schlafengehen.
   Intensive Entgiftung über die ganze Haut und Steigerung der Entgiftungsfähigkeit der Haut. Besonders bei Verschlackungskrankheiten, Muskel- und Gelenkrheumatismus. In abgewandelter Form bei Schlafstörungen.
8. **Der kleine und große Marsch:** Sinnvoll in den Alltag eingebauter regelmäßiger Fußmarsch; Wandern am Wochenende, Wanderurlaub unter dem Motto: „Marschiere Dich gesund!“
   „Blutwäsche“ durch Belebung der Atmung, Verdauung, Hauttätigkeit, der Drüsen und Zirkulation. Durchlüftung, Sauerstoffanreicherung der Gewebe.
9. **Das Luft-Licht-Sonnenbad:** Aufenthalt in möglichst unbekleidetem Zustand im Zimmer, im Schatten und bei bedecktem Himmel. Später gesteigerte Besonnung. Wechsel von Sonnen-, Schatten- und Schwimmbädern.
   Ertüchtigung der degenerierten domestizierten Haut, wohltuend beruhigende Gesamtumstimmung für Nervenschwache, vegetativ Labile, Schilddrüsenkranke usw.
10. **Neuraltherapie nach Huneke und andere Ergänzungstherapien:** Diese werden je nach individuellem Bedürfnis angewendet, wie später beschrieben.

1. Die Milde Ableitungsdiät

Schon in der Vorkur sorgte die „Wahre Eßkultur" und die „Regelung der Mahlzeiten" für eine Schonung und Erholung des Verdauungsapparates. Mittels einer schonenden Kost können wir diese Wirkung verbessern. Der Patient soll nur solche Kost einnehmen, die er stets gut vertragen hat; er muß alle Speisen streng meiden, die sich ihm als schwerer verdaulich erwiesen haben. Auf alle Fälle müssen jetzt auch die besonders zellulosehaltigen oder sonstwie verdauungsbelastenden Lebensmittel streng gemieden werden.

Schwere, grobe und frische Brote, Kohl, Kraut, Blumenkohl, Hülsenfrüchte, Hefespeisen, fette Gerichte, Cremes, Mayonnaisen, Gebackenes, Paniertes, Eingebranntes, sowie Schweinefett, Schweinefleisch und Würste samt wurstähnlichen Zubereitungen (Gänseleberpastete, Leberwurst, Gelbwurst), welche reichlich Schweineprodukte enthalten.

Rohkost soll jetzt gemieden werden

Auch das Obst sowie alle Rohkost, einschließlich Salat, soll wegen Zellulosereichtums und Gärfreudigkeit auf die Dauer der Kur gemieden werden. Das gilt auch für Fruchtsäfte, Kompotte und Obstkonserven. Vitaminmängel treten während der Kur nicht auf!

Fleisch und Fisch sollten jetzt maximal zwei Mal in der Woche gegessen werden: gedünstete oder gegrillte Fleischsorten, wie vom Kalb (Kalbsrahmschnitzel usw.), vom Huhn, vom Rind (gekochter Tafelspitz etc.) oder Fisch. Würste sind unbedingt zu meiden! Bestand jedoch vor Kurbeginn ein starker Fleisch-, Wurst-, Eier- oder auch Käsekonsum, so sind diese tierischen Eiweißarten jetzt völlig zu meiden, um die Folgen dieser Eiweißmast so früh wie möglich zu beseitigen (siehe später!).

Ansonsten sind Gemüsesuppen, Käsesorten und Quark, Öl-Topfen-Aufstriche als Brotauflage und gelegentlich ein weiches Ei erlaubt. Günstig sind alle leicht bekömmlichen Getreidearten, Reis, Maisgries, Dinkel, Hirse, Buchweizen, Haferflocken;

ebenso Kartoffeln, besonders als Pellkartoffeln (mit Butter), gedünstetes Gemüse, besonders Wurzelgemüse (Karotten, Sellerie, Petersilienwurzel, Schwarzwurzel), ebenso Blattspinat, Broccoli, Fenchel, Zucchini, Tomaten, rote Rüben und anderes mehr. Als Fett sind Pflanzenöle und Butter zu empfehlen.

Eine praktische Darstellung der geeignetsten heilungsfördernden Nahrungsmittel und ihrer Zubereitung findet sich im Ergänzungsbuch von Dr. Rauch und Diätküchenchef P. Mayr: *Milde Ableitungsdiät*, 14. Aufl., Karl F. Haug Verlag, Heidelberg. Es ist für die Zeit der Kur und für die anschließende Ernährungsweise nach der Kur besonders zu empfehlen.

Die besten Kochrezepte finden sich im Buch „Milde Ableitungsdiät“

Die Grundregeln der Milden Ableitungsdiät

1. Essen Sie nur eine von Ihnen bisher besonders gut vertragene, leicht bekömmliche Kost in bescheidener Menge (Eßkultur!).
2. Meiden Sie fette Gerichte, alles Eingebrannte, Gebackene, Panierte, Schweinefleisch und -fett und deren Produkte (Würste!), tierische Fette (außer der sehr empfohlenen Butter!), Mayonnaisen.
3. Meiden Sie auf Kurdauer alle zellulosereiche Kost, schwere und frische Brote, Vollkorngerichte, schwere Gemüse, Hülsenfrüchte, Kraut, Kohl usw., außerdem jegliche Rohkost, Obst, Fruchtsäfte, Kompotte, Obstkonserven.
4. Meiden Sie Fabrikzucker, Süßigkeiten, Schokolade usw.
5. Meiden Sie auf Kurdauer Bohnenkaffee.
6. Bevorzugen Sie jetzt, falls gut vertragen: Milch- und Milchprodukte, Rahm, Quark, leicht verdauliche Getreidearten, Haferflocken, Maisgries, Hirse, Reis, altbackenes Gebäck, Öl-Quark-Aufstriche, kalt gepreßte Pflanzenöle, Pflanzenmargarine (Reformhaus), Landbutter, Honig, Malzkaffee, heimische Gewürze, Meersalz.

2. Die Heilmassage

Damit sollte sobald als möglich begonnen werden. Bei Heilmassagen kommt es weniger auf die Dauer der Einzelbehandlung als vielmehr auf die häufige und regelmäßige Durchführung an: Ein- bis zweimal wöchentlich, meist dreimalige und in manchen Fällen noch häufigere Behandlungen setzen ständig neue belebende, umstimmende und entschlackende Impulse, die den Kurverlauf entscheidend unterstützen.

Sanfte, aber wirkungsvolle Entgiftungsmassagen, schmerzhaftwohltuende Entschlackungs- und Gelosenmassagen, beruhigend-entspannende Vibrationsmassagen, Bindegewebsmassagen, Lymphdrainage, Reflexbehandlungen am Fuß und ähnliche Maßnahmen können, je nach Bedarf, allein oder mit anderen Massageformen abgewechselt oder kombiniert werden. Entscheidend hängt es hier von der Kunst des Massierenden ab, es lohnt sich, nach befähigten Behandlern, deren Beruf auch Berufung ist, Ausschau zu halten. Wie in jedem Berufszweig lassen sich auch hier die Begabten, die heilend wirken, von allen anderen unschwer unterscheiden.

Teilmassagen, bei denen nur einzelne erkrankte Körperteile, wie etwa die linke Schulter, behandelt werden, lehnen wir ab. Dadurch werden wohl die Ballaststoffe einer Körperpartie ausmassiert, doch lagern sie sich, von den Säften weitergetragen, wieder an anderen Stellen ab. Behandelt man jedesmal einen anderen Körperteil allein, so spielt man mit den Schlacken geradezu Ping-Pong.

Während der Kur werden die Ganzkörpermassagen am besten mit nahezu trockener Hand vorgenommen, weil Fett, Puder und Öl die Poren verstopfen. Sind die Ausscheidungsorgane noch einigermaßen leistungsfähig, dann vermag bereits die Massage allein einen Teil der „aufgewirbelten“, vorwiegend sauren Schlacken über sie nach außen zu befördern, was veränderte Stuhl- und Harnabgänge verraten. Dr. Guggi untersuchte die Unterschiede zwischen dem Vor- und Nachmassageharn.

Letzterer ist meist trüb und mißfarbig, riecht intensiver, zeigt eine wesentlich saurere Reaktion und ein erhöhtes spezifisches Gewicht. Solche Veränderungen treten während der Milden Ableitungskur vermehrt auf, weil der reinigende „Sog nach außen" aktiviert ist. Dadurch wird die Massagewirkung wesentlich gesteigert. Es gibt keine Möglichkeit, Stoffwechselschlakken, Ablagerungen und Gifte so gründlich auszuscheiden wie während einer richtigen Blutreinigungskur mit gleichzeitiger Zufuhr von Basen.

Massagen ohne Entschlackungskur sind meist sehr mühsam, weil der Massageerfolg bis zum nächsten Mal durch Freßsucht oder andere Fehler des Massierten wieder zunichte gemacht ist. Der kaum etwas entlastete saure „Abstellbahnhof" Gewebe ist rasch wieder blockiert. Im Gegensatz dazu kann während der Milden Ableitungskur von Mal zu Mal der Fortschritt gesehen, getastet – und nicht zuletzt – auch gerochen werden; die während harter Massagen entstehenden Duftwolken mit oft stechend penetrantem Geruch verschwinden allmählich immer mehr, bis sie vom milden Wohlgeruch der gesunden Haut ersetzt sind.

Auch der Massierte selbst kann den Fortschritt verspüren. Die anfangs oft äußerst schmerzhaften Partien werden immer weniger empfindlich und reagieren schließlich nicht einmal mehr auf hartes Anfassen unangenehm. Die harte trockene Massage wird zum reinen Vergnügen und zur deutlich empfundenen Wohltat. Auch Körperhaut und Muskeln fühlen sich nach und nach elastischer an, versulzte oder gelosenartige Veränderungen und Cellulitis vermindern sich oder sind nicht mehr zu tasten. Die Gewebe ändern ihre Eigenschaft zur gesunden Norm hin.

An Massagetagen empfiehlt es sich, wenig zu essen, reichlich Basen einzunehmen und die Wahre Eßkultur besonders zu pflegen, damit der „Sog nach außen", der bei überfülltem Bauch blockiert ist, wirksam wird.

3. Das Rumpfreibebad

Die beiden Bäder von Louis Kuhne (1835–1901), das Rumpfreibebad und das Reibesitzbad, gehören zu den wirkungsvollsten natürlichen Heilmethoden überhaupt. Sie sind ein wesentlicher Bestandteil der Milden Ableitungskur. Die große Anwendungsbreite dieser Bäder wird erklärlich durch ihren blut- und säfteentgiftenden Effekt, der sich auf sämtliche Organe erstreckt.

Vorzüge des Rumpfreibebades

Das Rumpfreibebad steigert die Tätigkeit der vier Ausscheidungssysteme des Organismus: Des Verdauungsapparates, der Lungen, der Nieren und der Haut. Am Verdauungsapparat fördert es sämtliche Funktionen: Es tonisiert den schlaffen Magen-Darm-Trakt, so daß nach jedem Bad der Bauchumfang meßbar verkleinert ist: es entleert die gestauten Säftespeicher; es treibt die im Bauch abgesackten Säfte wieder in die Zirkulation; es belebt die Peristaltik (einen wichtigen Kreislaufmotor) und verbessert dadurch die gesamte Kreislaufsituation. Dies ist bei allen Herzstörungen, bei Hochdruck, Unterdruck, Zirkulationsstörungen von großem Nutzen! Durch Verbesserung der Bauchsituation vertieft sich die Bauchatmung: Richtigeres Atmen tritt automatisch ein, damit vermehrte Sauerstoffzufuhr und Kohlensäureabgabe. Die die Nieren anregende Wirkung des Bades läßt sich an vermehrter Harnausscheidung erkennen, gar dort, wo sie bereits vermindert war (Störung des Wasserhaushaltes, Nierenleiden, Nierensteine).

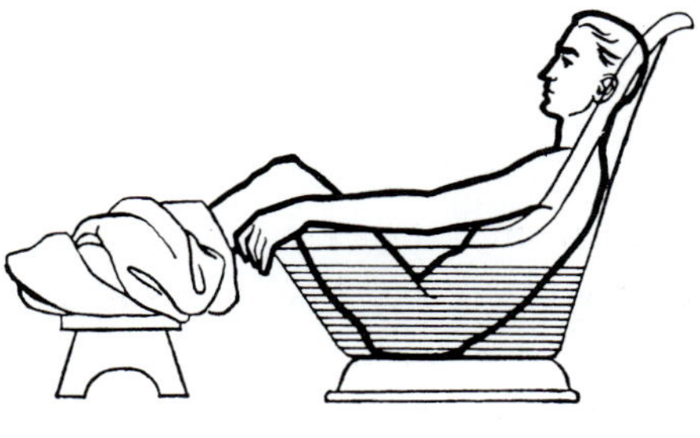

Abb. 3: Original Rumpfreibebad

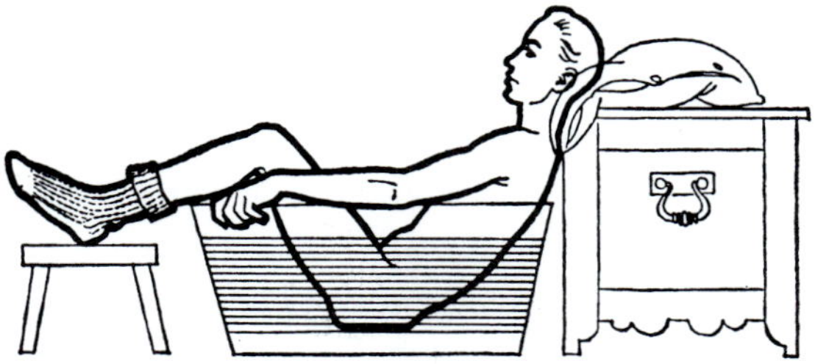

Abb. 4: Rumpfreibebad in Kleinbadewanne

Das Rumpfreibebad bewährt sich bei Erkrankungen des Verdauungsapparates, bei Gastritis, Magen-Darm-Senkung, nervösen Magen-Darm-Leiden, Darmträgheit, Leber-GallenSchäden; außerdem bei Erkrankungen der Atemwege, des Herz-Kreislauf-Systems, bei Nierenleiden, Kopfbeschwerden, Schlafstörungen, und nicht zuletzt bei Nervenentzündungen („Die Neuritis ist ein Ruf des Nerven nach reinerem Blut!"). Das Rumpfreibebad dient auch zur Hebung des Allgemeinbefindens und als Vorbeugungsmaßnahme. Überzeugend wirkt es bei fieberhaften Erkältungs-, Grippal- und Infektionskrankheiten der Kinder und Erwachsenen (S. 139).

Technik des Rumpfreibebades

Nach der Originalvorschrift von 1896 wird dieses Bad in einer Sitzbadewanne durchgeführt [11]. Das Wasser soll dem Badenden, der sich angelehnt entspannt in halb sitzender, halb

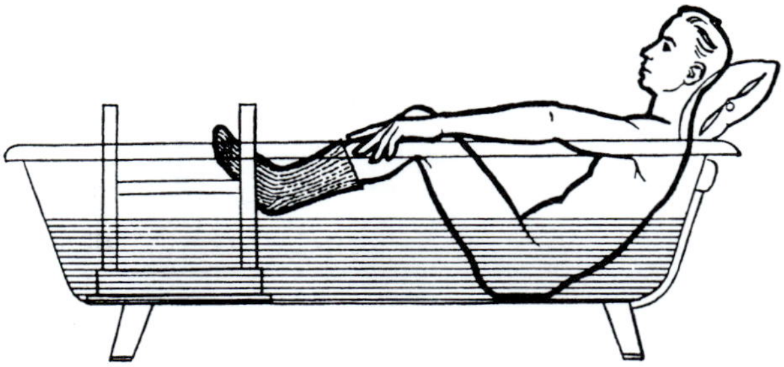

Abb. 5: Rumpfreibebad in der Badewanne

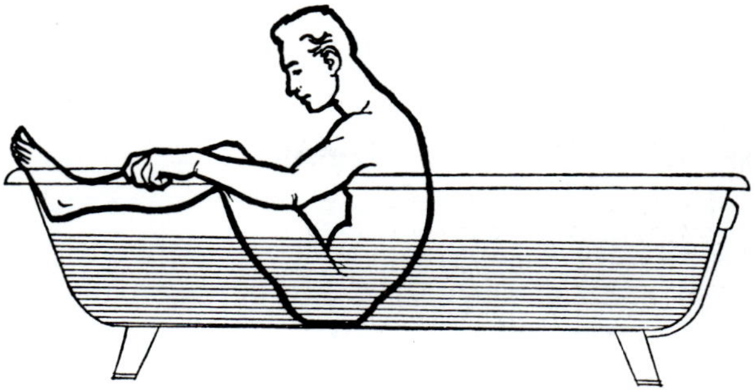

Abb. 6: Rumpfreibebad im Sitzen (Notlösung)

liegender Stellung befindet, bis Nabelhöhe reichen. Der Kopf ist angelehnt, die Knie reichen bis Schulterhöhe (Abb. 3). In der heutigen Zeit sind Sitzbadewannen selten geworden. Man kann sich mit einem Waschtrog behelfen (Abb. 4) oder mit einer Plastik-Kinderbadewanne, die in die Normalbadewanne hineingestellt wird. Auch Stufenwannen und Normalwannen lassen einfache Notlösungen zu, siehe Abb. 5 und 6. In zahlreichen Fällen, die das Bad auf längere Sicht benötigen, ist die Anschaffung einer (Plastik-)Kinderbadewanne, in der sich auch ein Erwachsener gerade noch gut hineinsetzen kann (und die man in die Normalbadewanne stellt) sehr zu empfehlen.

Temperatur

Oberkörper, Beine und Füße dürfen nicht abgekühlt werden. Ein Handtuch um die Schultern gelegt, eine Decke um die Füße oder Wollsocken sorgen für Warmhaltung. Der Baderaum und der Badende müssen schon vor dem Bad gut durchwärmt sein! Die Wassertemperatur ist individuell zu bemessen. Kuhne empfahl eine Temperatur von 18–20 Grad Celsius und erzielte damit seine hervorragenden Erfolge. Besonders im letzten Jahrzehnt hat es sich aber infolge zunehmender Verweichlichung und Intoxikation gezeigt, daß viele Menschen zumindest bei den ersten Bädern sogar eine noch wärmere Wassertemperatur benötigen; erst mit zunehmender Gesundung und Abhärtung vertragen sie allmählich das empfohlene kühlere Wasser gut. Bei kräftigen Naturen und bei Fieberkranken erweisen sich jedoch die Temperaturen unter 20 Grad Celsius wirksamer. Dr. A. Rosendorff [12], der sämtlichen Patienten in seiner ausgedehnten Praxis die Kuhne-Bäder verordnete, empfahl sogar ganz allgemein das 12–14 Grad warme Wasser. Heute ist es jedoch zweckmäßiger, streng nach individueller Verträglichkeit vorzugehen, anfangs eher noch zu warm als zu kühl, und nur allmählich, bei Kontrolle durch ein Wasserthermometer, die Temperatur zu senken, bis eine individuelle Temperatur erzielt wird, die Höchstwirkung zeigt (Schmerzbeseitigung, Belebung, Aktivierung, Wohlbefinden, gute Laune!).

Badeweise

Man wäscht seinen Unterleib vom Nabel bis zur Schamgegend abwärts und seitwärts, wobei man mit einem Waschlappen unter Wasser unentwegt hin- und herreibt. Die Leistengegenden bis zum After, die äußeren Geschlechtsteile, insbesondere der Unterbauch, über den in langen Zügen hin- und hergestrichen wird, sollen bearbeitet werden. Dabei muß die Bauchdecke weich und entspannt sein, was durch Anhalten des Atems, währenddessen weiter gerieben wird, noch gefördert werden kann.

Badedauer

Diese soll bis zur allgemeinen Abkühlung reichen und kann daher nur individuell bemessen werden. Wem es bald kühl wird, zu Beginn der Bäder, bei Kindern und bei geschwächten Personen genügen fünf bis sieben Minuten, später, wenn gut vertragen, badet man 10–15 Minuten (bei Verträglichkeit auch wesentlich länger). Nach dem Bad ist nicht früher zu essen als Wiedererwärmung eingetreten ist. Das Bad soll nicht nach dem Essen genommen werden.

Wiedererwärmung

Es ist entscheidend, daß nach jedem Bad bald Wiedererwärmung eintritt. Sonnenbad, Gymnastik, sonstige Bewegung, warme Bekleidung oder heißes Duschen der Beine, Wärmflasche, Trinken eines heißen Kräutertees oder dergleichen sind günstig. Bei regelmäßiger Anwendung wird dem Badenden von selbst, sofort nach dem Bad angenehm warm. Jedes Frösteln nach Badeabschluß muß in intensive Durchwärmung übergeführt werden.

Die Bäder können bis zu dreimal täglich genommen werden; bei Fieber auch öfter. In vielen Fällen werden die Rumpfreibebäder durch Reibesitzbäder ersetzt oder ergänzt, oftmals (bei fröstelnden Kranken und sogenannten Spastikern) ist vorerst das heiße Rumpfreibebad anzuwenden. Häufig wird das Rumpfreibebad nach Kurende weiterhin angewendet:

Beispiele aus der Praxis:

Fall 1 Hoher Blutdruck

Jurist, 50, Zustand nach Herzinfarkt, Hochdruck 220/115 bei medikamentöser Therapie, kaum mehr berufsfähig. Schon während der Vorkur Verbesserung der Beschwerden, ab dem vierten Rumpfreibebad setzt starke Revitalisierung aller Funktionen ein. Die quälenden Herzbeschwerden werden immer weniger verspürt, der Blutdruck sinkt allmählich auf 170/85 (ohne Medikamente), die berufliche Leistungsfähigkeit normalisiert sich völlig. Dauertherapie ein Rumpfreibebad täglich bei 16 Grad C, Basenpulver.

Fall 2 Nervenentzündung

Graphiker, 38, seit Jahren Nervenwurzelentzündungen in Kreuzgegend, Ischias. Kann sich zeitweilig wochenlang kaum bewegen. Nach der Vorkur Entlastung durch heiße, später durch kühle Rumpfreibebäder. Nach der Ableitungskur Dauertherapie täglich ein Rumpfreibebad bei 25 Grad C. Kreuzgegend völlig frei, keine Rückfälle.

Fall 3 Nierensteine

Hausfrau, 32, ständig Nierenkoliken durch Nierensteine. Während der Ableitungskur Rumpfreibe- und Reibesitzbäder im Wechsel; im Anfall heiße Rumpfreibebäder. Abgang zahlreicher Oxalatsteine. Nach Kurende Dauertherapie Rumpfreibebad bei 16 Grad C und Reibesitzbad bei 12 Grad C in täglichem Wechsel. Seit einem Jahr anfallfrei.

Fall 4 Leberschaden

Beamter, 57, blaßgelbliche Gesichtsfarbe, Darmträgheit, Leberschaden, Gastritis, Hämorrhoiden. Schon während der Vorkur Zustandsverbesserung. Auf Rumpfreibebäder von 28 Grad C zunächst Verschlechterung (Heilkrisen!), später aber

Ertüchtigung der gestörten Organe, Schwinden der Beschwerden, ein Rumpfreibebad täglich bei 22 Grad C, Basenpulver.

Die Durchführung von Rumpfreibebädern nach Kuhne

1. Badewanne (auch Plastik-Kinderbadewanne) bis Nabelhöhe mit Wasser zwischen 28–20 Grad füllen, Temperaturkontrolle!
2. Uhr in Sichtweite stellen, warme Socken anziehen.
3. Nach Abb. 3–6 in Wanne setzen, und sofort
4. lebhaft den Unterleib mit Waschlappen reiben bis zur allgemeinen Abkühlung.
5. Abtrocknen, für rasche Wiedererwärmung sorgen!

Das heiße Rumpfreibebad

Ständig fröstelnde oder sonstwie kälteüberempfindliche Patienten, die auf richtig gesetzte Kältereize verkehrt reagieren, also statt nachfolgend durchwärmt zu sein, nur um so mehr frieren, müssen zunächst mit heißen Anwendungen vorgehen und so ihr Wärmedefizit beheben. Auch mit allmählich zu steigernder (!) Hitzeanwendung wird Abhärtung erzielt und das Gefäßsystem trainiert.

Das heiße Rumpfreibebad wird wie das kalte durchgeführt, jedoch mit möglichst heißem Wasser. Dabei läßt man fallweise heiß nachfließen und steigert damit vorsichtig die Temperatur. Nach acht bis zehn Minuten steht der Badende auf, läßt kalt zufließen und bearbeitet mit einem kaltfeuchten Waschlappen die zuvor gebadeten Partien, trocknet sich ab, zieht sich warm an oder geht zu Bett. Das kalte Nachreiben wird allmählich als immer wohltuender empfunden und entsprechend gesteigert.

Bei Herz- und Kreislaufschäden ist zunächst Vorsicht geboten. Bei auftretenden Beschwerden ist sofortiger Kaltzufluß erforderlich. Bei Blutungsneigung (Darm, Genitale), Schwangerschaft, entzündlichen Hämorrhoiden ist das heiße Bad untersagt.

Beispiele aus der Praxis:

Fall 5 Durchblutungsstörungen

Ingenieur, 47, früher starker Raucher, mit schweren Durchblutungsstörungen in beiden Füßen. Es wurden ihm bereits Teile des Symphatikus-Nervs vor der Wirbelsäule operativ entfernt. Erst links, ein Jahr später rechts. Er erhielt ununterbrochen gefäßerweiternde Mittel, auch in die Arterien gespritzt. Dennoch eiskalte, wie tote Füße, Gehstörungen, Amputationsgefahr. Gleichzeitig bestanden Drehschwindelanfälle (Ménière) und Dauerkopfschmerz. Während und nach der dreimonatigen Ableitungskur erhielt er keine Medikamente mehr, aber zweimal täglich heiße Rumpfreibebäder. Die Füße wurden wieder normal durchwärmt, Gehstörungen verschwanden, Ménière und Kopfschmerzen sind völlig beseitigt. Dauertherapie zweimal täglich heiße Rumpfreibebäder, nach der Wiederholungskur kühle Rumpfreibebäder, weiterhin Basenpulver und Kalium-und Magnesiumzufuhr.

4. Das Reibesitzbad für Frauen

Das Frauenbad nach Louis Kuhne besitzt eine ähnliche Wirkung wie das Rumpfreibebad.

Das Reibesitzbad leitet Gift aus, reinigt, belebt den Kreislauf und senkt das Fieber

Es wirkt über die schwammartigen Blutgeflechte des weiblichen Genitales und über die Nervenendkörper, die sich dicht konzentriert in dieser Region befinden. An keiner anderen Stelle der Körperperipherie laufen so viele Enden der wichtigsten Nerven zusammen. Es sind dies Ausläufer von Rückenmarksnerven, des Nervus sympathicus und vagus, welche mit Hirnzentren verbunden sind und die vegetativen Funktionen des Körpers steuern. Deshalb beeinflussen die Reibesitzbäder das vegetative Nervensystem. Sie entspannen die heute oftmals überforderten Nerven, entgiften und kräftigen sie. Kuhne, Rosendorff und andere Autoren beschreiben die Wirkung der Bäder als „Anfachung der Lebenskraft des ganzen Körpers“. Viele Frauen sprechen auch auf Reibesitzbäder noch besser an als auf Rumpfreibebäder. Dies gilt besonders für Mütter, die durch ihre früheren Schwangerschaften eine meist kräftigere Entwicklung, Blut- und Nervenversorgung der Frauenorgane aufweisen.

Technik

Auch dieses Bad darf nur im durchwärmten Zustand genommen werden! Ein Bidet, Kübel, Schaff oder eine (Plastik-Kinderwanne) wird mit Wasser gefüllt. Die Badende setzt sich auf einen nicht einschneidenden Kübel oder auf ein Brettchen, das sie über Schaff oder Kinderwanne gelegt hat (siehe Abb. 7). Beine und Gesäß bleiben außerhalb des Wassers. Beine und Oberkörper können bekleidet sein, es kann auch eine Decke umgenommen werden; man darf auf keinen Fall frieren! Auch ein Bidet oder ein Plastik-Einsatz kann verwendet werden, nur muß man bei diesen schon während des Bades das Wasser erneuern: Geringe Wassermengen werden zu rasch erwärmt und „verbraucht" (giftig).

Durchführung

Die Badende taucht einen Naturschwamm oder ein altes lockeres Leinentuch in das Wasser und spült damit, möglichst viel Wasser hochnehmend, leicht von unten nach aufwärts streichend, über die äußeren Geschlechtsteile; diese werden ständig bespült, auch sanft hin- und hergewaschen, nicht jedoch kräftig gerieben. Erst wer erfahren hat, worauf es ankommt, darf während des Bades lesen (Studentinnen lernen dabei, weil der Kopf freier und aufnahmefähiger wird). Das Bad wird ein- bis dreimal täglich 15–20–30 Minuten lang genommen, in schweren akuten Fällen (Blutvergiftung, lebensbedrohliche Zustände, hohes Fieber) auch öfter und länger, bis 60 Minuten, bei mehrfacher Erneuerung des Wassers. In vielen verzweifelten Fällen hat dieses Bad kombiniert mit dem Rumpfreibebad und anderen Entgiftungsmaßnahmen Kindern und Erwachsenen schon das Leben gerettet.

Temperatur

Am wirkungsvollsten ist die Wassertemperatur von 12 bis 14 Grad Celsius. Das wird nicht von allen Frauen gleich vertragen. Große Kälteempfindlichkeit in der Schamgegend beweist mangelhafte Genitaldurchblutung und -gesundheit. Solche Frauen

Abb. 7: Reibesitzbad am Kübel

müssen daher mit einem oft wesentlich wärmeren Wasser, wie sie es eben schon vertragen, beginnen, nehmen es aber allmählich kühler. Andere, ständig Fröstelnde, dürfen zunächst überhaupt nur das heiße Reibebad anwenden, oder sie geben die Füße in mit heißem Wasser gefüllte Gefäße. Es kann auch der mit kühlem Wasser gefüllte Kübel in der mit etwas heißem Wasser gefüllten Badewanne stehen, so daß die Füße im Heißen sind. Das Bad wird nur während der Periode unterbrochen.

Entgiftungsreaktionen

Diese sind Erfolgszeichen, bei denen das Baden auf keinen Fall unterbrochen werden soll. Häufig tritt ein übelriechender trüber Harn auf, der wegen seines Giftgehaltes in Blase und Harnröhre brennt. Es handelt sich um keine Verkühlung und keine Blasenentzündung, sondern um erfolgreiche Säftereinigung über die Nieren. Das ist leicht zu beweisen, da die Wiederholungsbäder wohltun und die Beschwerden bei unverändert weitergeführten Bädern völlig schwinden. Auch Abgang von stechend oder säuerlich riechenden Stühlen, Afterbrennen, Hämorrhoidalreizung können auftreten, weil über den Darm eine vermehrte Giftausscheidung stattfindet, welche die Schleimhäute ätzt. Auch ein Ausfluß kann sich zeigen oder intensivieren, weil die Frauenorgane als Notventil unreiner Säfte wirken, bildet sich aber mit der Allgemeinentgiftung zurück.

Notbehelf

Gicht- und Rheumakranke, die auf die Wohltat des Bades nicht verzichten wollen, obwohl sie mit der Hand die Kälte nicht vertragen, befestigen das Tuch an einem Griff, der das Naßwerden verhindert.

Anwendungsgebiete

Als Entgiftungsbad zur Steigerung der Nieren- und Darmtätigkeit. Bei Darmträgheit, Blähsucht, Selbstvergiftung vom Darm, Leber, Gallen- und Magenstörungen, Nierenschaden, Nierensand; zur Genitalgesundung, etwa Monatsbeschwerden, Ausfluß, Entzündung, Frigidität oder Überreizung, Abortusneigung, Unfruchtbarkeit, Schwangerschaftsbeschwerden. Sollte grundsätzlich im Interesse von Mutter und Kind während jeder Schwangerschaft bis zur Entbindung durchgeführt werden. Zur vegetativen Kräftigung, bei Herzbeschwerden und Symptomen der „vegetativen Dystonie“. Bei Fieberzuständen senkt es das Fieber, mindert oder beseitigt Übelkeit, Kopfschmerz, Brechreiz, und erfrischt, lange genug durchgeführt, den ganzen Organismus. Außerhalb der Ableitungskur stellt es eine vorbeugende und hygienische Maßnahme zur Körperpflege der Frau dar.

Beispiele aus der Praxis:

Fall 6
Virusgrippe

Studentin, 25 Jahre, früher an Lungentuberkulose erkrankt gewesen, erholt sich nach Virusgruppe nicht mehr: erhöhte Temperaturen, erschöpft, ständige Herzschmerzen, „maskierte Tuberkulose“? Alle Untersuchungen ohne Befund, alle Medikamente seit drei Monaten wirkungslos. Milde Ableitungskur wird sofort mit Reibesitzbädern begonnen: Während jedes Bades (30 Minuten, 14 Grad C) tritt Erfrischung und Schmerzfreiheit auf, anfangs kurz, später immer länger anhaltend. Die gut vertragenen Bäder werden auf 60 Minuten verlängert, die Füße kommen dabei in ein Gefäß mit heißem Wasser. Täglich drei bis vier Bäder. Nach drei Wochen fieber- und beschwerdefrei.

Fall 7
Sterilität

Hausfrau, 29, seit sieben Jahren unerfüllter Kinderwunsch. Gynäkologische Behandlungen, Tubendurchblasung, Hormone ohne Erfolg. Gleichzeitig bestehende Darmträgheit wurde nicht beachtet. Milde Ableitungskur im Winter mit zweimal täglich heißen, Wiederholungskur im Sommer mit kalten Reibesitzbädern, die danach fortgesetzt werden. Darmträgheit behoben, nach einem Jahr Entbindung von gesundem Mädchen.

Fall 8
Genitalblutungen

Ärztin, 47, wurde wegen unstillbar klimakterischer Genitalblutungen schon zweimal ausgekratzt (Curettage). Bei der nächsten starken Blutung sollte Gebärmutter operativ entfernt werden. Da sie seither aber täglich Reibesitzbäder bei 12 Grad C durchführt, treten wieder normale, vier Tage dauernde Menses auf; Operation unnötig.

Fall 9
vegetative Dystonie

Buchhalterin, 53, mit Verdauungs-, Leber- und Gallenbeschwerden; sehr nervös, Herzflattern, Halswürgen, „vegetative Dystonie“. Dauerkonsum von Beruhigungsmitteln, dennoch Androhung der Kündigung wegen nervöser Reizbarkeit. Milde Ableitungskur mit Reibesitzbädern und einer homöopathischen Arznei. Nach zehn Tagen auffallend ruhig, gelassen, friedlich, im Bauch (streuender Giftherd!) Wohlbefinden. Entscheidende Hilfe durch die Bäder.

Das heiße Reibesitzbad für Frauen

Dieses eignet sich für ständig frierende Frauen. Es wird die gleiche Prozedur wie oben durchgeführt, jedoch mit so heißem Wasser, wie es gerade noch vertragen wird. Das Bad endet mit einer kühlen Abwaschung des Geschlechtsteils. Auf diese Weise wird das Wärmedefizit des Körpers beseitigt, und Durchwärmung, Entkrampfung und Abhärtung des Unterleibes erzielt. Dadurch können die meisten Frauen nach einiger Zeit, besonders in warmer Jahreszeit, auf das kühle Bad übergehen.

Bei Blutungsneigung, Schwangerschaft und großen Hämorrhoiden ist das heiße Bad untersagt.

5. Das Reibesitzbad für Männer

Das Männerbad nach Louis Kuhne wirkt ähnlich wie das entsprechende Frauenbad, erreicht aber nicht in allen Fällen dieselbe Wirkungskraft. Daher wird bei Männern öfter das Rumpfreibebad oder das kombinierte Reibebad (S. 107) empfohlen. Unersetzlich ist das Männerbad hingegen bei Nierenschäden, Nierensteinen oder Sand, bei ständig trübem Harn, erhöhtem Reststickstoff, bei chronischem Nierendruck, auch bei Menschen, die bereits eine Niere verloren haben. Bei ihnen tritt oft schlagartige Besserung ein. Sehr bewährt ist das Bad auch bei Blasen- und Harnröhrenkatarrhen, Prostatahypertrophie, Prostatabeschwerden vor der Operation und als Nachbehandlung, Potenzstörungen, verfrühter Ejakulation, sowie als Nervenkräftigungsmittel, besonders bei neurasthenischen Männern. Das Bad soll aber nicht vor Ende der Pubertät genommen werden.

Technik

Über einen Wasserbehälter, Plastikwanne, Schaff oder dergleichen wird ein Brettchen gelegt, oder in den Behälter kommt eine Fußbank oder Schemel zum Sitzen. Das Wasser wird je nach Verträglichkeit zwischen 12–18 Grad temperiert; es reicht bis Sitzhöhe. Der Badende setzt sich auf Brettchen oder Fußbank.

Durchführung

Das männliche Glied wird zum Wasser hingehalten, und zwar so, daß zwei bis drei Finger die Vorhaut, die über die Eichel nach vorn geschoben wird, vor der Eichel zusammenhalten; dadurch ist die Eichel vollständig überdeckt. Die vorgestülpte, nun wulstartig gefaltete Vorhaut wird jetzt unter Wasser leicht mit einem Leinentuch 15–20–30 Minuten lang gewaschen oder zart hin und her gerieben. Auch der übrige Geschlechtsteil kann zeitweilig mitgewaschen werden, die Hauptwirkung geht jedoch von der Vorhaut aus, in der die meisten Nerven verlaufen.

Beispiel: Siehe Fall 18, S. 138!

Bei Prostataentzündung, Nebenhodenentzündung, ist das Reibesitzbad in heißer Abwandlung zunächst heilsamer.

6. Das kombinierte Reibebad

Die Kombination aus Reibesitz- und Rumpfreibebad kann bei den Heilanzeigen beider Bäder erfolgreich angewendet werden. Die Entscheidung, welchem der drei Bäder der Vorzug zu geben ist, hängt vom Einzelfall, der Temperaturverträglichkeit und Reaktionsweise ab. Bei vielen chronisch Gestörten, beson-

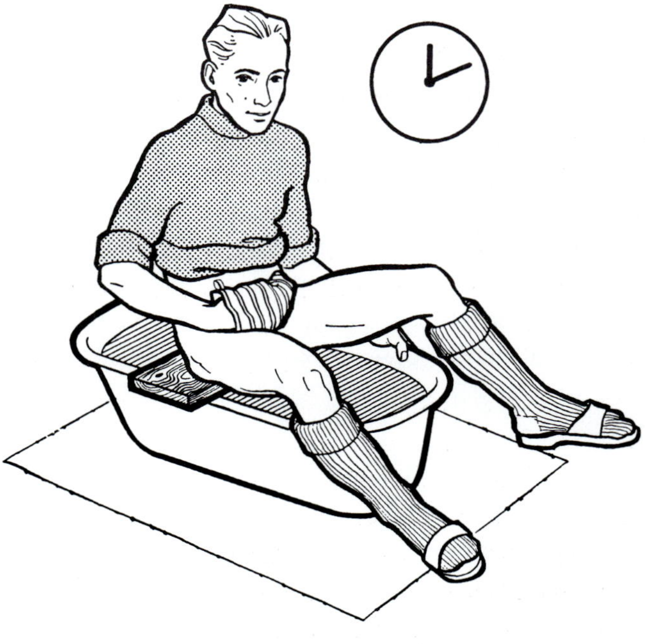

Abb. 8: Kombiniertes Reibebad

ders bei Frauen, wird das Reibesitzbad, welches die kleinste Angriffsfläche besitzt, für den Anfang das Zweckmäßigste sein. Später, wenn eine direktere Einwirkung auf die Bauchorgane erwünscht sein sollte, folgt als erweiterter Eingriff das kombinierte Reibebad, worauf vom Badenden oft besonders gerne, weil vom Körper benötigt, auf das Rumpfreibebad übergegangen wird. Feste Regeln gibt es aber nicht, viele bleiben stets bei „ihrer Badeart“ und erzeilen damit die gewünschte Heilwirkung.

Das kombinierte Reibebad hat den Vorteil, daß man es jedes Mal, wenn das Reibebad zu langsam zu wirken scheint, automatisch zu dessen Ergänzung anwenden kann. Außerdem muß man sich nicht so sehr wie beim Rumpfreibebad entblößen, der allgemeine Wärmeverlust ist wesentlich geringer. Die wirksamste Badeart kann nur jeder für sich erproben.

Durchführung

Zunächst wird wie beim Reibesitzbad das Geschlechtsteil gespült. Dann wird der Schwamm oder das Spültuch etwas triefend höher gehoben und die Leistengegenden sowie der gesamte Unterleib vom Nabel abwärts und seitwärts bis zum After etwas energischer hin und her gerieben als beim Rumpfreibebad. Es folgt wieder das Geschlechtsteil zumindest so lange, bis die anderen Regionen wärmer geworden sind und wieder Abkühlung vertragen usw., wie es der Badende gerade als angenehm erfrischend, belebend und wohltuend empfindet.

Temperatur

Wie beim Reibesitzbad, falls schon vertragen zwischen 12 und 18 Grad. Je kühler die Temperatur, desto länger müssen anfangs während des Bades die Intervalle sein, in denen sich die kälteempfindlicheren Regionen wieder erwärmen können.

7. Das Auslaugebad

Dieses Bad zielt darauf hin, den Körper über die ganze Haut intensiv zu entgiften (auszulaugen) und dadurch, regelmäßig angewendet, die Entgiftungsfunktion der Haut systematisch zu schulen. Am besten abends, vor dem Schlafengehen, wird ein

Vollbad genommen, dessen Temperatur der Badende jeweils als sehr angenehm (nicht zu warm und nicht zu kühl) empfinden soll (durchschnittlich um 37 Grad). Nach zehn Minuten Baden wird der ganze Körper mit viel Seife und mit der Bürste gründlich bearbeitet, dann legt man sich bis zum Hals in das Wasser und bleibt noch 20 bis 40 Minuten entspannt liegen (oder liest dabei ein Buch). Wenn das Bad zu kühl wird, läßt man Wasser nachlaufen. Zum Abschluß wird nochmals der ganze Körper stark eingeseift und gebürstet, gründlich abgeschwemmt, am besten mit der Handbrause, und nach dem Abtrocknen zu Bett gegangen.

Durch das Bad sehen jetzt Finger und Zehen ausgelaugt wie Wäscherinnenhände aus. Auch die Schmutzschicht, die sich am Badewannenrand gebildet hat, ist ein Ergebnis der „Auslaugung". Diese Schicht wird um so dicker und schmutziger, je länger und öfter man die Bäder anwendet. Diese Erscheinung ist auf die durch die Bäder gesteigerte Entgiftungsfähigkeit der Haut zurückzuführen. Die erwähnte Seifenabwaschung zum Badeabschluß ist besonders wichtig, da sie noch einen Teil jener Schlackenstoffe herauszieht, die sich gerade in der Haut auf dem Wege nach außen befinden.

Die Bäder wirken besonders bei Verschlackungskrankheiten, Muskel- und Gelenkrheumatismus, Gicht, verschiedenen Aufbrauchkrankheiten, aber auch bei akuten Vergiftungszuständen, etwa bei allen Infektionskrankheiten usw. sehr günstig [13].

Die Anwendungen werden individuell ein- bis dreimal wöchentlich, gegebenenfalls täglich verordnet.

In bestimmten Fällen wird vom Arzt auch eine Steigerung der Temperatur verschrieben.

Bei Schlafstörungen, vor allem Einschlafstörungen, entfällt das Bürsten. Hingegen läßt man nach und nach kaltes Wasser zufließen, so daß die Temperatur langsam auf 35 oder 34 Grad absinkt. Die Schlafbereitschaft steigt dadurch deutlich an.

8. Der kleine und der große Marsch

„Es ginge vielen besser, wenn man mehr ginge.“, sagt Seume; und Johann Peter Hebel [14] (1760–1826) berichtet von einem übergewichtigen gichtbrüchig-rheumatischen Mann, der wegen seines Zipperleins und vieler anderer Gebrechen jahrelang von Arzt zu Arzt gepilgert war. Dennoch wurde sein Zustand fortlaufend schlechter. Eines Tages hörte der Kranke von einem Arzt, der viele Meilen weit entfernt, nahezu wundertätig wirken sollte. Diesem schrieb er um Rat. Da antwortete der Doktor, er wisse schon, was dem Patienten fehle: er habe einen Wurm im Bauch, den er aber nur abtreiben könne, wenn der Kranke die Reise zu ihm zu Fuß unternähme; und wenn er sich unterwegs recht kärglich ernähre.

Fluchend und stöhnend begann der Dicke seinen Fußmarsch und brachte zunächst nur kleinste Strecken hinter sich. Aber mit der Zeit ging es zunehmend besser, und als er schließlich bei seinem Wunderdoktor ankam, fühlte er sich bereits völlig gesund. Zu seiner Verwunderung erklärte aber der Arzt, daß wohl der Wurm abgetrieben, die Wurmeier jedoch noch im Leibe seien, weshalb auch die Rückreise zu Fuß zurückgelegt werden müsse. Wenn auch der Patient vielleicht jetzt geahnt haben mochte, worum es bei ihm eigentlich ging, so war er doch klug genug, die Anweisung genau zu befolgen.

Daheim staunten alle, als an Stelle des griesgrämigen, leidenden, verfetteten Kranken ein fröhlicher, gesunder, gut aussehender Mann zurückgekehrt war.

Marschiere viel und iß wenig

Der durchschnittliche heutige Autofahrer, der Mensch mit sitzender Lebensweise, der „Bürohämorrhoidariker“, der Großstadtmensch überhaupt und jeder an Luft- und Bewegungsmangel Leidende, gleich ob er ein Unter- oder Übergewichtiger, Verschlackter, Rheumatiker, Ischiadiker, Kreislaufgestörter, Nervenlabiler, Überhitzter oder ein ständig Frierender ist: Der moderne Mensch hockt immer irgendwo: Im Auto, hinterm Schreibtisch, vor dem Fernseher, und kann aus dieser Geschichte das beste und billigste Rezept herauslesen, das es überhaupt gibt: Marschiere viel und iß wenig!

Wer je selbst erlebt hat, wie sich nach einer ausgiebigen Wanderung die Dumpfheit des Kopfes, depressive Stimmungen, Gereiztheit, Lebensunlust in Nichts auflösten, der hat schon eine Art von „Blutwäsche" kennengelernt. Jeder mehrstündige Marsch durch Wald und Flur entgiftet die Säfte über Haut und Lungen, reichert mit Sauerstoff an, belebt Zirkulation, Verdauung, Drüsen, hebt Stimmung und Lebensgefühl, macht innerlich froher und freier. Würden Nervenärzte anstelle der Psychopharmaka längere Fußwanderungen verordnen, Unzählige gerieten nicht in Drogenabhängigkeit und -sucht! Aber das Einnehmen der Tranquilizer ist bequemer als Wandern! Und viele sagen: „Dafür habe ich keine Zeit!" Dabei vergeuden diese Menschen oft so viel Zeit für Unwesentliches!

Die Möglichkeiten, regelmäßiges Marschieren in den Lebensrhythmus einzubauen, sind individuell verschieden. Als erstes empfiehlt sich ein Fußmarsch zum und vom Arbeitsplatz, der bei zu kurzer Entfernung durch einen Umweg verlängert und bei zu großer Distanz auf eine Teilstrecke beschränkt wird. Der Rest wird gefahren. Auch ein flotter Spaziergang nach Arbeitsschluß oder vor dem Schlafengehen ist wertvoll. Viele Ehefrauen freuen sich den ganzen Tag auf ihren Mann. Dieser ist abends oft schon so müde, daß er kaum ansprechbar ist. Der Abendspaziergang läßt die angesammelten Müdigkeitsstoffe wieder abatmen. Er lockert und gleicht die einseitige Körperhaltung aus, die am Arbeitsplatz eingenommen wurde. Außerdem bringt er Entspannung, Erholung und verbesserten Schlaf und fördert die nötige Aussprache über die Probleme, die das Leben mit sich bringt.

Im Gegensatz zu diesem alltäglichen „Kleinen Marsch" eignet sich für den „Großen Marsch" das Wochenende und der Urlaub. Das Motto „Marschiere Dich gesund!" wird aber nur sinnvoll verwirklicht, wenn man bescheiden beginnt, allmählich steigert und auf längere Zeit jedes Wochenende verwendet und in einem „Wanderurlaub" jeden Tag ohne Übertreibung ausnützt, wobei mit kleineren und größeren Partien gewechselt wird und systematisch Ruhetage eingeschaltet werden. Entscheidend ist, daß bei jeder Witterung marschiert wird.

Joggen, Langlaufen, Radfahren, Reiten, Gymnastik und andere Sportarten an frischer Luft gehören dazu

Während der Kur, am besten auch nachher, bauen wir in unseren Alltag gezielt den flotten Fußmarsch oder Entsprechendes ein und widmen das Wochenende unserer Regeneration durch ausgiebige Wanderung. Regelmäßiges Marschieren ist unvergleichlich schöner und zeitsparender als Wartezimmer- und Krankenhausaufenthalte.

9. Luft, Licht- und Sonnenbäder

„Wasser tuts freilich, höher steht jedoch die Luft und am höchsten das Licht.", weiß schon Arnold Rikli. In der Tat: Ohne Sonne gibt es kein Leben. Zu viel Sonne versengt alles Leben. So kommt es auch hier auf die Dosierung an.

Luft, Licht und Sonne stärken die Körperkraft

Zuviel Sonne führt zum Sonnenbrand; chronische Überdosierung, etwa im Verlauf eines sehr langen Höhen- oder Meeresaufenthalts bringt neben intensiver Bräunung eine Gerbung und feinknittrige Fältelung der Haut, die dann nach Mayr dem Atrophiestadium zuzurechnen ist. In diesem Stadium ist die Haut aber schon funktionsgeschwächt und fällt für Säftereinigungsfunktionen teilweise aus. Daher ist der Sonnenfanatiker eher gefährdet Hautkrebs zu bekommen als besonders gesund. Seit Vergrößerung des Ozonloches ist noch viel mehr Vorsicht geboten! Die Sonne wirkt dadurch viel aggressiver!

Aber auch der Sonnenempfindliche, der „Sonnenscheue", der Nervenschwache, der vegetativ Labile, der übererregte

Schilddrüsenkranke, der Schlafgestörte und jeder Stubenhocker benötigt das natürliche Licht zur Stärkung der Nerven- und Lebenskraft.

Beginnen Sie zunächst mit Luftbädern und halten Sie sich – am besten nackt beziehungsweise möglichst spärlich bekleidet – im Zimmer bei geöffneten Fenstern auf, dann im Freien im Schatten und bei bedecktem Himmel. Dadurch empfangen Sie viel mildere Reize als beim Besonnen; mit der Zeit summieren sich diese Effekte und bewirken selbst beim Nervenempfindlichsten wohltuende, beruhigende Gesamtumstimmung. Die domestizierte Haut ertüchtigt sich, so daß nach Wochen oder Monaten mit vorsichtiger Besonnung begonnen werden kann: Im Schatten liegend werden erst nur die Füße bestrahlt, erst kurz, später länger. Dabei fließt das ganze Körperblut im Bereich der bestrahlten Fußhaut unmittelbar unter dem Licht durch und nimmt von ihm Energien auf. Später folgen die Unterschenkel, bis sie mäßig gebräunt sind, schließlich kann mit Geduld die Bestrahlungsfläche bis zum sehr kurzen vollständigen Sonnenbad vergrößert werden. Darauf folgen Schattenbäder, kalte Abwaschungen, Schwimmbäder; auf Ruhe folgt Bewegung, Ballspiel, Gymnastik usw. Einölen nährt die Haut und macht sie geschmeidig. Auf diese Weise können Luft-, Licht- und Sonnenbäder, regelmäßig angewendet, wie besonders im Urlaub, vortreffliche Umstimmung und Regeneration bewirken. Jede Übertreibung hingegen verursacht einen Rückschlag [15].

10. Neuraltherapie nach Huneke und andere Ergänzungstherapien

Die Neuraltherapie ist eine biologische Regulationsbehandlung, die sich als zusätzliche Maßnahme zur Reinigungskur sehr bewährt hat. Der Wirkmechanismus der Neuraltherapie wird verständlich, wenn man bedenkt, daß das Leben nicht nur an Materie gebunden ist, sondern auch an Energie. Gestörte Gewebe, z. B. Narbengewebe, chronisch-entzündliche Schleimhautareale, zerklüftete Tonsillen und andere „Störfelder" weisen vielfach einen Mangel an Energie auf, also ein Energiedefizit. Die Zufuhr von Substanzen mit einem hohen energetischen Eigenpotential beseitigt in diesen kranken Geweben ihr Energiedefizit und verbessert damit die Funktion. Mit jeder neuerlichen energetischen Aufladung lernt das geschädigte Gewebe besser sein erforderliches Potential selbst aufzubauen und zu erhalten. Der Heilungsprozeß setzt ein. Als geeignetster Energieträger hat sich das in der Medizin altbekannte Lokalanästhetikum (Neuraltherapeuticum) Procain (Impletol, Xyloneural u. a.) bewährt. Es wird gezielt in den gestörten Gewebebezirk injiziert. Sehr oft stellen Narben von Bißverletzungen, Unfällen, Verbrennungen, Schuß-, Schnitt- und Stichverletzungen, aber auch Impfnarben, besonders alle häßlichen, eingezogenen Narben, so alt sie auch sein mögen, auch ganz kleine Haut- und Schleimhautdefekte, solche Störfelder = Heilungshindernisse dar. Häufig sind es auch alte, kaum beachtete chronisch-entzündliche Prozesse an toten Zähnen, im Leerkiefer, im Rachen, in Nebenhöhlen, in Eileitern, in der Gebärmutter, in der Prostata usw., welche als energetische Störfelder wirksam sind. Sie blockieren wie Unterbrecher in einem elektrischen Leitungssystem wichtige Funktionsabläufe im vegetativen System, lähmen oft das Immunsystem und unterhalten verschiedenste Störungen und Erkrankungen im Organismus.

Durch wiederholte Einspritzung des Neuraltherapeutikums in das Störfeld läßt sich der Gewebezustand wieder bessern. Auch Narben werden weicher, elastischer, unauffälliger, Narbenschmerzen schwinden. Ebenso lassen sich Hemmimpulse ausschalten und oft noch dort Heilerfolge erzielen, wo es ohne Neuraltherapie nicht möglich gewesen wäre.

Besonders eindrucksvoll ist das Sekundenphänomen. Dieses, von den Arztbrüdern Huneke erstmals beobachtete Phänomen besteht dann, wenn die Injektion in ein Störfeld augenblicklich, also in Sekundenschnelle, eine schlagartige Befreiung von Schmerzen oder Beschwerden erzielt, die mindestens durch 24 Stunden anhält. Dieses Phänomen imponiert besonders, wenn der Injektionsort und die Beschwerdestelle weit voneinander entfernt sind.

So kann z. B. die Unterspritzung einer Blinddarmnarbe zum sofortigen Schwinden von quälenden Kopf, Herz- oder Magenschmerzen führen, oder eine Injektion in den gynäkologischen Raum (wenn dort ein Störfeld vorliegt), zur Behebung einer Bewegungseinschränkung im Nacken- oder Schultergürtel usw.

Der menschliche Organismus erweist sich so als Wunderwerk und als Einheit, in der alles mit allem in Zusammenhang steht. Die Injektion des Neuraltherapeutikums in eine durch Tritt in eine Glasscherbe entstandene Narbe am Fuß (in der Pankreas-Reflexzone) hat etwa einen Patienten von seiner Zuckerkrankheit geheilt; die Einspritzung in die Prostata befreite einen anderen von seinen Herzkrampf-Anfällen; die Injektion in den gynäkologischen Raum hat bei vielen anderen ihre Kreuzschmerzen, Migräne, Nierenstörungen usw. beseitigt.

Es ist Aufgabe des Arztes, zu erkennen, bei wem und wo Neuraltherapie sinnvoll ist. Bei gestörtem Heilverlauf im Rahmen der Reinigungskur ist jedenfalls daran zu denken. Bei Bedarf sind vor allem Narben zu behandeln, und ausnahmslos jene, die besonders auffallend häßlich, eingezogen oder gerötet sind, oder jene, die der Patient gelegentlich schon selbst etwa bei Wetterwechsel verspürt hat. Diese sind Störfelder! Da man selbst seine ehemaligen Verletzungen und kleinen Operationen meist schon fast vergessen hat, empfiehlt es sich, seinen Körper systematisch danach abzusuchen und den Arzt darauf aufmerksam zu machen.

Beispiele aus der Praxis:

Fall 10
Angina pectoris

Internist, 55, leidet an Angina pectoris. Er nimmt seit 5 Jahren ständig zahlreiche Medikamente ein. Während der Milden Ableitungskur geht es ihm wohl zunehmend besser, jedoch bleibt er abhängig von seinen Medikamenten. Da entdeckt der behandelnde Arzt eine kleine Verbrennungsnarbe über dem Brustbein und unterspritzt sie mit Xyloneural. Schlagartig ist der Herzdruck beseitigt, der Patient braucht seit dieser einen Injektion nie mehr Herzmedikamente und ist als geheilt zu betrachten.

Auch die chinesische Akupunktur mit Nadeln, Laserakupunktur, die Ohrakupunktur, Akupressur, japanische Shiatsu, Moxa u. a. können die energetische Situation des Organismus ordnend beeinflussen und damit die Heilvorgänge wirkungsvoll vorantreiben.

Die nasale Reflexzonenbehandlung der Nase nach Krack [16] ist hilfreich bei Nebenhöhlenprozessen, Kopfschmerzen, Geruchsstörungen und Durchblutungsstörungen des Gehirns. Da sich in der Nase verschiedene Reflexzonen befinden, wie für die gesamten Atemwege, Bronchien, Hormondrüsen und das Genitale, erweist sich diese Therapie oft auch bei Bronchitis, Asthma, hormonellen und gynäkologischen Störungen als sehr hilfreich.

In vielen Fällen wird der Arzt die edlen homöopathischen Arzneien als ideale Ergänzung und Bereicherung der Kur anwenden, oder als Nachbehandlung der Kur. Für die Homöopathie und die ihr verwandte JSO-Komplex-Heilweise, wie für alle anderen biologischen Verfahren gilt:

Jede Therapie, die bei einem zuvor entgifteten und entschlackten Organismus angewendet wird, spricht unvergleichlich besser an und führt zu entsprechend besseren Resultaten.

Dies trifft natürlich auch für die humoraltherapeutischen Verfahren der alten Ärzte zu, die durch die verdienstvollen Quellenstudien des Wiener Dozenten Bernhard Aschner restauriert wurden und heute zunehmend angewendet werden [17]. Im Vordergrund stehen dabei die ausleitenden und entleerenden Mittel zur Entgiftung und Ausscheidung über Darm, Nieren, Haut,

Menstruation, sowie Schröpf- und Schwitzverfahren, Erzeugung von Heilausschlägen (Baunscheidtismus) und Verwendung blasenziehender Substanzen (Cantharidenpflaster).

Darüber hinaus verfügt der biologische Arzt noch über eine Fülle anderer, die Säftereinigung unterstützender Möglichkeiten, von der gezielten Verwendung geeigneter Kräutertees [18] bis zu psychologisch hilfreichen Waffen wie der Autosuggestion [19]. Auch der Beseitigung stets häufiger werdender Defizite durch Zufuhr von Kalium, Magnesium u. a. m. kommt immer mehr Bedeutung zu.

Vermeidung wohnungsbedingter Störfaktoren

Elektrische bzw. elektromagnetische Störfaktoren

Fernsehgeräte unter vier Meter Distanz, gar in Bettnähe im Schlafzimmer, üben im eingeschalteten Zustand, aber auch ausgeschaltet, zwar geringer, jedoch die ganze Nacht hindurch, eine Strahlungsbelastung auf die Anwesenden aus. Diese erlischt erst durch Herausziehen des Kabels aus der Steckdose.

Metallene Nachttischlampen und metallene Gegenstände in der unmittelbaren Nähe von elektrischen Leitungen, sowie metallene Betteinsätze werden sehr leicht elektrisch aufgeladen. Sie können besondere, nervlich belastende oder irritierende Störfelder erzeugen.

Für Radio- und andere elektrische Geräte in Kopfnähe gilt dasselbe wie für Fernsehapparate.

Elektroboiler im Nebenraum, etwa nur durch die Wand vom Schlafraum getrennt, machen eine Verlegung der Betten zur Vermeidung gesundheitlicher Belastungen erforderlich.

Elektrische Leitungen in der Wand, in der Nähe des Kopfes im Bett liegender Personen, können zu Schlafstörungen, nervlichen Erregungszuständen, Kopf- und Augenschmerzen führen. Ein guter (!) Netz-Freischalter schafft Abhilfe.

Zur Vermeidung solcher Störquellen, zu denen auch elektrostatisch aufgeladene Kunststoff-Bodenbeläge und andere zählen können, ist eine Überprüfung der Räume, in denen man sich längere Zeit aufhält, zu empfehlen und Abhilfe zu veranlassen. Hinweise darüber finden sich in *Gesundes Bauen, gesundes Wohnen* (Herold, München), herausgegeben vom Forschungskreis für Geobiologie.

Geopathische Störfelder

Geopathische Störfelder kennt man als „Erdstrahlen“, „Wasseradern“ oder „Reizstreifen“. Sie können unter bestimmten Bedingungen einen sehr ungünstigen Einfluß auf die Gesundheit des Menschen ausüben. Gerade bei Personen, die auf alle Therapie und auch auf richtig durchgeführte Blut- und Säftereinigung langfristig sehr unbefriedigend oder gar nicht ansprechen, sollte neben weiterer diagnostischen Abklärung stets an die Möglichkeit einer geopathisch bedingten Mitverursachung gedacht werden.

Zur Klarstellung sollte ein sehr erfahrener Radiästhesist, im Volksmund Wünschelrutengänger genannt, zu Rate gezogen werden. Er kann feststellen, ob an den aufenthaltsintensivsten Stellen des Patienten, nämlich an seinem Bett und seinem Arbeitsplatz, geopathische Störfelder bestehen.

In der Mehrzahl der so belasteten Fälle läßt sich dann, oft nur durch eine geringe Platzänderung, wie Verschiebung des Bettes um einen Meter, ein entscheidend besseres Ansprechen auf die bisherige Therapie, und wo noch möglich, ein echter Heilerfolg erzielen. Eine Fülle seriöser Literatur und auch wissenschaftliche Werke existieren zu dieser Thematik [20].

Daß die Belastung der Gesundheit durch Reizstreifen keine „esoterische Phantasie“ darstellt, mag die zufällig gewonnene Aufnahme auf Abb. 9, S. 193 veranschaulichen: Auf der linken Seite sieht man einen Rutengänger auf Wassersuche für einen Brunnen. Auf der rechten kommt der Moment des Kontaktes mit einer unterirdischen Wasserader ins Bild. Dabei läßt sich eine blitzähnliche Rundum-Ausstrahlung erkennen, ein Phänomen also, das die reale Existenz von uns ansonsten nicht geläufigen Kräftewirkungen objektiv aufzeigt. Daraus läßt sich unschwer der Schluß ableiten, daß Personen, die schon seit Jahren, etwa in ihrem Bett, über einer solchen ausstrahlenden Wasserader oder über einer anderen Strahlenverursachung liegen,

Nacht für Nacht schließlich in ihrer Gesundheit enorm gefährdet werden können.

Besonders erfahren sind jene Rutengänger, die sich durch längere Zeit als Brunnensucher bewährt haben. Diese können sich kaum einen Fehler leisten, da sie stets mit dem Ergebnis ihrer Mutung konfrontiert werden – was bei Fehldeutungen recht unangenehm sein kann. Schließlich ist das Graben von Brunnen, besonders von tiefen in steinig-felsigem Boden, höchst aufwendig. Daher ist bei solchen Rutengängern die Gefahr von Fehldeutungen auf ein Minimum reduziert. Im Zweifelsfall läßt man zwei Radiästhesisten, unabhängig voneinander, je eine Mutung durchführen. Dabei soll das jeweilige Ergebnis im Wohnungsplan eingezeichnet und die Übereinstimmung der Befunde kontrolliert werden.

Heute sind gute Rutengänger häufig weit bekannt und durch Nachfrage bald zu eruieren. Auch können Anfragen an einschlägige Vereinigungen gerichtet werden.

Österreichischer Verband für Radiästhesie und Geobiologie. A-1080 Wien, Florianig. 43/1/12
Forschungskreis für Geobiologie. D-69412 Eberbach/Neckar
Internat. Arbeitskreis für Geobiologie. D-60599 Frankfurt/M., Nonnenpfad 37

Warnung!
Die Empfehlung, die Wirkung geopathischer Störfelder mit Hilfe von „Entstörgeräten", „Abschirmmatten", Bienenwaben und vielerlei anderen z. T. geheimnisvollen Apparaturen aufzuheben, stellt nach reichlichen diesbezüglichen Erfahrungen zahlreicher seriöser Experten einen schwerwiegenden Irrtum dar. Die Geräte mögen für manche Hersteller ein gutes Geschäft sein, dem Kunden nützen sie aber, zumindest schon nach kurzer Zeit, überhaupt nicht.
Mehr noch: Der Kunde wird so, ohne sein Wissen, unverändert der geopathischen Belastung ausgesetzt, mitunter sogar noch mehr als bisher, da verschiedene solcher „Abschirmer" schließlich selbst aufgeladen werden und als Strahlenverstärker wirken. Wer aber schon ein „Entstörgerät" besitzt, kann dessen Wirksamkeit durch

einen anderen Rutengänger kontrollieren lassen, ohne ihn zuvor über die vorhandene „Abschirmung" zu informieren, Findet er noch eine Strahlungsbelastung, so ist das „Gerät" nutzlos.

Die richtige Umstellung von Bett (und/oder Arbeitsplatz) hat sich längst bei unzähligen, auf diese Weise belasteten und meist therapieresistenten Patienten bewährt.

Beispiele aus der Praxis:

Fall 11

Einer 50jährigen Patientin wird nach einer Gebärmutter-Krebsoperation ein Rutengänger empfohlen. Dieser stellt ohne Kenntnis des Leidens eine doppelte Strahlungsbelastung (Kreuzung) im Bereich ihres Bettes in der Unterleibsgegend fest. Er empfiehlt sofortigen Wechsel ihrer Schlafstelle. Da eine Bettverschiebung wegen eines aufwendigen Betteneinbaues aber nicht möglich ist, tauscht sie das Bett mit ihrem gesunden Gatten. Sie liegt nun strahlenfrei, macht konsequent die Reibesitzbäder und es geht ihr nach einem Jahr schon besonders gut. Aber beim Gatten machen sich vorher ungekannte und ständig zunehmende Prostatabeschwerden bemerkbar. Als sich diese therapeutisch nicht beeinflussen lassen, zieht er in ein strahlenfreies Bett im Nebenraum um und verliert dann allmählich seine Beschwerden.

Hinweis:
Katzen bevorzugen als liebste Aufenthaltsplätze strahlenbelastete Stellen. Hunde meiden diese konsequent und suchen strahlenfreie Liegeplätze aus.

Einschränkungen oder Verbote

Besonders gärungsfreudige Kost

„Was man besonders gerne tut, ist selten ganz besonders gut", reimt schon Wilhelm Busch, doch zu seiner Zeit war der Zukker-Mißbrauch sicher noch nicht so ausgeprägt wie heute. An-

dererseits sagt schon Mohammed: *„Beherrschtheit in aller Kost ist die Mutter der Heilmittel."*

a) Fabrikzucker und Süßigkeiten:
Zucker, Süßigkeiten, Schokolade und stärker gesüßte Speisen sind völlig zu meiden. Die einzige Ausnahme bildet der eine Teelöffel Honig im Abendtee, falls Honig gestattet wird. Die Selbstvergiftung vom Darm ist in erster Linie auf Zersetzung der gärungsfreudigen Kost zurückzuführen. Zucker und gesüßte Speisen spielen dabei eine maßgebliche Rolle.

Nicht selten fallen bereits Kinder durch schlechte Zähne auf. Erforscht man den Konsum an Süßigkeiten und Schleckereien, so ist dieser meist, auch außerhalb von Festzeiten, außerordentlich hoch. Daß dadurch allein schon Appetitlosigkeit, Magenverstimmung, Mundgeruch, Stuhlverstopfung und andere Folgen auftreten können, ist wohl bekannt, wird aber von Angehörigen, die sich beim Kind durch Naschwaren beliebt machen wollen, geflissentlich übersehen. Durch strenges Süßigkeitsverbot kann man schon nach wenigen Wochen oder Monaten einen Stopp der Zahnverschlechterung, Reinigung von Zahnstein, Regeneration des Gebisses, Zunahme des Appetits und allgemeine gesundheitliche Verbesserung beobachten.

Da die Zahnfäule längst eine gefährliche Volksseuche geworden ist, die jährlich Milliardenbeträge kostet, haben deutsche Zahnärzte eine „Schwarze Liste" veröffentlicht.

Hauptverursacher der Karies sind:
Industriezucker und zuckerhaltige Nahrungsmittel wie Bonbons, Schokolade, Süßigkeiten, Kuchen, Kekse, gesüßte Limonaden, Cola, Fruchtsäfte, Eiscreme, Obstkonserven, Tomatenketchup.

Zucker gilt aber nicht nur als Kariesförderer, sondern auch als Kalk-, Basen- und Vitamin-B-Räuber. Professor Kollath erklärt in seinem Lehrbuch der Hygiene [21] den Zucker als wahrscheinliche Ursache des Gebißverfalles. Und der schweizerische Wirbelsäulenspezialist Illi vertrat in einer persönlichen Mitteilung, gestützt auf exakte Erforschung der Eßgewohnheiten der Patienten und auf mehrere tausend zugehörige Röntgenbilder die Überzeugung, daß die heute so häufige Kalkverarmung der Wirbelsäule in den meisten Fällen auf chronischen Zucker-Überkonsum zurückzuführen wäre. Bei Wirbelsäulenleiden ist daher totaler Zuckerverbot angeraten, insbesondere bei Osteoporose!

Süßigkeiten verschaffen ein flüchtiges Wohlgefühl. So ist es kein Wunder, daß viele „vom Leben ohne Freude" enttäuschte Menschen als Ersatz gerade in dieser Richtung fortgesetzte und ungehemmte Befriedigung suchen. In Hollywood, wo man sich der Linie wegen nicht mit leiblichen Genüssen trösten kann, werden Hunderte von Psychotherapeuten gefordert. In Wien dagegen die Konditoreien.

Die Praxis zeigt, daß ein längeres strenges Süßigkeitsverbot sich nach vielen Seiten hin günstig auswirkt. Breiige, schaumige, sauer riechende Gärungsstühle verbessern sich, Magenbeschwerden, von Magendruck bis Sodbrennen, Symptome von Magen- und Zwölffingerdarmgeschwüren werden allein schon dadurch günstig beeinflußt. Unzählige leiden heute unter Darmpilzen (Candida) und deren Folgen wie extremen Blähungen, Reizstühlen und Übersäuerung. Durch Zufuhr von Zucker und leicht aufschließbaren Kohlenhydraten werden die davon lebenden Pilze gefüttert, ihre Beseitigung aber verhindert.

Jeder Körper braucht Zucker; aber nur den, den er sich selbst aus den verzehrten Kohlenhydraten (Brot, Reis, Kartoffeln usw.) um- und aufbaut. Nimmt man aber ständig Fabrikzucker ein, dann wird die körpereigene Zuckersynthese relativ unnötig, die Fähigkeiten dazu verkümmern, die Kohlenhydrate werden schlechter verdaut, und die Gier nach Süßem steigt dementsprechend an. Das gierige Zuckerverlangen, das schon dem Kleinkind anerzogen wird (!), ist stets als Zeichen einer mangelhaften Kohlenhydratverdauung und geschwächten eigenen Zuckersynthese aufzufassen! Jede weitere Fabrikzuckerzufuhr sorgt somit für weitere Degeneration dieser Funktion. Erst völliges Vermeiden des weißen und braunen Fabrikzuckers erzieht den Körper wieder zur rationellen Kohlenhydratverdauung, womit auch jede Zuckergier verschwindet. Auch jene schädlichen Darmbakterien, die mit ihren Zuckerspaltenzymen nachweisbar vor allem vom Fabrikzucker leben, müssen im Laufe von Monaten eingehen oder den Darm verlassen, wenn ihnen nicht wieder Zucker zur Nahrung gegeben wird. Die alten Hebräer, Assyrer, Ägypter, Griechen usw. kannten keinen Fabrikzucker und erreichten dennoch vielfach ein biblisches Alter.

b) Rohkost

Hört man im Zusammenhang mit naturgemäßen Heilweisen von Diät, so erwartet man eine vegetarisch betonte Küche mit viel Rohkost, reichlich Obst, Fruchtsäften und Salaten. In klarem Gegensatz dazu wird während der Milden Ableitungskur die Rohkost gemieden. Erlaubt bleibt nur der verdünnte Zitronensaft im Kräutertee, und auch dieser nur in bescheidener Menge.

Über die Vorzüge der Rohkost bestehen keine Zweifel. Darum ist auch der Ruf nach immer mehr Vitaminen, der sogenannte Vitaminrummel, von manchen sogar als „Vitaminschwindel" bezeichnet, große Mode geworden.

Auch Rohkost hat Nachteile

Sie ist besonders gärungsfreudig und zersetzt sich rasch im Darm. Durch Zellulosereichtum belastet sie die Verdauung, falls sie – was sehr verbreitet ist – über das individuelle, leicht verdauliche Maß hinaus genossen wird. Dieses Maß ist beim bewegungsarmen Stadtmenschen klein. Daher entstehen auch Blähungen (giftige Zersetzungsgase aus dem Darm, Leberbelastung usw.), wenn mehr Rohkost gegessen wurde, als der Mensch richtig verdauen kann. Das gilt besonders, wenn abends viel Rohes gegessen, aber schlecht gekaut und eingespeichelt wird.

Es hängt vom Zustand des Verdauungsapparates ab, wieviel Vitamine und Vitalstoffe dem Körperinnern zugeleitet werden. Es nützt nichts, Berge von Vitaminen zu verspeisen, wenn diese im geschädigten Verdauungstrakt zersetzt werden, die Vitamine nicht in das Blut gelangen und somit für den Organismus wertlos bleiben. Deshalb gibt es auch Rohköstler mit Vitamin-C-Mangel.

Die Voraussetzung der richtigen Ernährung stellt ein leistungsfähiger Verdauungsapparat dar. Daher muß zunächst der geschädigte Verdauungsapparat geschont werden, damit er sich erholen kann. Dieser Schonung dient während der Kur das Obstverbot und die Einstellung der übrigen Rohkost. In jedem Falle sind unverdünnte Obstsäfte, welche besonders gärungsfreudig sind, gänzlich zu meiden.

Nach Kurende steht die Rohkost wieder zur Verfügung. Richten wir uns in ihrem Genuß nach dem Grundsatz der Bescheidenheit! Sie wird uns besser bekommen, und die Vitamin-Versorgungslage des Körpers wird jetzt günstiger sein als zuvor. (Näheres darüber in *Darmreinigung nach Dr. F. X. Mayr.*)

c) Der Bohnenkaffee

Auch beim Kaffee entscheidet die Dosis, ob es sich um ein harmloses Genußmittel oder ein Gift handelt. Diese Dosis ist bei den einzelnen Menschen verschieden. Da das Coffein auf das vegetative Nervensystem einwirkt, stellt es beim Nervenlabilen und Nervenüberforderten – und das ist heute die Mehrzahl aller zivilisierten Menschen – schon in geringen Dosen, regelmäßig genommen, keine so harmlose Arznei mehr dar. Viele täten gut daran, den Bohnenkaffee auf kleinste seltene Mengen einzuschränken oder ihn gänzlich zu meiden.

Daß einmaliger Überkonsum von Kaffee Herzklopfen, nervöse Störungen, Fingerzittern, gesteigerte Erregbarkeit, Schlaflosigkeit usw. verursacht, ist bekannt. Wenig werden hingegen Auswirkungen des Dauerkonsums beachtet: Der Kaffee, sein Coffein wie seine Röstprodukte, sind an der Entstehung verschiedener Störungen und Erkrankungen mitbeteiligt. In vielen Fällen reicht eine zwei- bis dreiwöchige Kaffeeabstinenz allein schon aus, um Beschwerden wie Übersäuerung, Magendruck, Völlegefühl oder Symptome von Magen- und Darmgeschwüren, Leber- und Gallenstörungen oder Nierenbeschwerden herabzusetzen oder zu beseitigen. Auch Nervosität, Reizbarkeit, Schlafstörungen werden durch Kaffeeabstinenz günstig beeinflußt.

Viele Menschen gewöhnen sich wegen ihrer Unterdrucksymptome, Schwindel, Müdigkeit, Konzentrationsschwäche an regelmäßigen Kaffeegenuß. Die rasch belebende Kaffeewirkung hilft ihnen scheinbar vorzüglich. Sobald aber diese Wirkung aufhört, entsteht vermehrte Müdigkeit, so daß neuerliches Verlangen nach Kaffee auftritt. Wegen dieser Ermüdungsphase, die dem Belebungseffekt des Kaffees nachfolgt, werden Autofahrer von Verkehrssicherheitsbehörden gewarnt, vor längeren Fahrten Kaffee zu trinken. In dieser Phase verursachen sie eher Unfälle.

Da die zunehmende Müdigkeit ein neuerliches Verlangen nach diesem „Lebenselixier" weckt, und da im Laufe der Zeit die Dosis gesteigert werden muß, um die gleiche Wirkung zu erzielen, trinken heute viele mehrmals täglich ein hochkonzentriertes Kaffeegebräu, das bei anderen schon Vergiftungserscheinungen hervorrufen würde.

Wenn diese Menschen glauben, ihren Kaffee bestens zu vertragen, weil sie keine unmittelbaren unangenehmen Folgen verspüren, so irren sie. Ihr Körper befindet sich im symptomarmen

„stillen" oder „pseudostillen Stadium", so daß erst später, dann oft um so heimtückischer, Folgen in Erscheinung treten.

Die Maßnahmen der Milden Ableitungskur, wie Trockenbürsten, Wechselduschen, Rumpfreibebäder usw., helfen dem müden Kreislauf auf andere Weise als Bohnenkaffee, weil sie auf die Ursache der Zirkulationsstörungen, auf den minderwertigen Zustand der zirkulierenden Säfte und der fünf Kreislaufmotoren einwirken. Besonders Unterdruckkranke, Leber-, Gallen-, Magen- und Nierenkranke müssen zumindest während der Milden Ableitungskur den Bohnenkaffee völlig meiden.

d) Fleisch, Fisch und Wurstwaren

Unter der Voraussetzung erstklassiger Ware ohne Umweltgifte, ohne Hormone und Antibiotika wäre gegen den gelegentlichen (!) Konsum dieses tierischen Eiweißes nichts einzuwenden. Allerdings sollte es immer nur in bescheidenen, bekömmlichen Mengen konsumiert werden. Leider ist das beim Wohlstandsbürger dieser Überflußgesellschaft nicht die Regel! Ein hoher Prozentsatz verzehrt fast täglich eine Fleischmahlzeit, was für jeden Menschen auf die Dauer zuviel ist. Zahlreiche Personen essen sogar zweimal täglich ihre Wurst- und Fleischprodukte. Die Folge eines solchen Überkonsums an tierischem Eiweiß hat erstmals Professor Wendt [22] wissenschaftlich eindeutig nachweisen können.

Allgemeine überkalorische Ernährung gepaart mit Eiweißmast führt zu:

- Bluteindickung, eventuell Thrombose und Embolie
- Eiweißablagerung in den Blutgefäßen, Gefäßverengung
- Bluthochdruck, Arterienverkalkung
- Anstieg von Cholesterin und Fettstoffen
- Verdickung und Belastung aller Gelenke, Arthrosen
- Rheuma, Gicht, Übersäuerung und deren Folgen wie:
- Angina pectoris, Herzinfarkt, Schlaganfall

Wie sich Eiweißsubstanzen in Gefäßen, Gelenken und Geweben ablagern und allmählich entsprechende Beschwerden hervorrufen, so lassen sie sich auch wieder durch eiweißarme Kost abbauen. Allen „Fleisch- und Wursttigern", allen mit Hochdruck, mit hohem Cholesterin-, Fettstoff- und Harnsäurespiegel, aber auch allen Gelenkkranken (Finger- und Zehengelenke, Knie, Hüften usw.) und allen „sauren" Gicht- und Rheumakranken ist daher während der Kur vom Genuß jedes tierischen Eiweißes abzuraten. Neben Fleisch, Fisch, Wurst usw. zählen dazu auch Quark, alle Käsesorten und Eier! Auch nach Kurende sollten solche Kranke langfristig sehr eiweißarm leben, da sich auf diese Weise die Eiweißablagerungen langsam aber sicher und wohltuend abbauen werden. Gelenke, Herz, Kopf und andere durch Eiweiß-Mast belastete und übersäuerte Bereiche werden zunehmend freier. Wer einschlägige Fehler meidet, kann selbst entscheidend zu seiner Gesundung beitragen. Wohlschmeckende fleischfreie Gerichte finden sich im Rezeptbuch *Milde Ableitungsdiät* [23].

e) Alkohol und Nikotin

„Alkohol, Tabak und bürgerliche Küche schaffen immerfort das Mistbeet, auf dem unsere ärztlichen Sprechstundenfrüchte reifen.", sagt mit Recht Otto Buchinger. Auch hier bestimmt eine individuell unterschiedliche Dosis, ab wann der Umschlag in die Giftwirkung erfolgt. Je sensibler, feinnerviger der Mensch ist, desto weniger verträgt er, und desto weniger sollte er von diesen Genußmitteln Gebrauch machen. Mäßiger Bier- oder gelegentlicher Weinkonsum, bei älteren Menschen regelmäßiger bescheidener Weingenuß, kann durchaus bekömmlich sein. Während der Ableitungskur ist jedoch – wenn nicht anders verordnet – jeder Alkoholgenuß zu meiden. Die möglichen schweren Schäden durch andauernden Mißbrauch sind hinlänglich bekannt.

Alkoholmißbrauch und seine Folgen:
Appetitstörung; Entzündung von Magen, Zwölffingerdarm, Bauchspeicheldrüse; Fehlernährung; Vitamin-B-Mangel,
Leberschaden; Alkoholleber; Fettleber; toxische Hepatitis; alkoh. Leberzirrhose; Bauchwassersucht,
Lungeninfekte; Fettinfiltration der Organe; Hodenatrophie; Impotenz; Schäden der Nachkommenschaft,
Hirnschädigung; Delirium tremens; Korsakow; psych. Schäden; Enthemmung; Verrohung; krankhafte Eifersucht; Gewalttätigkeit usw.

Es ist sehr ratsam, die Ableitungskur mit einem großen und schweren Entschluß zu verbinden: Schluß mit dem Rauchen! Wie angenehm ist es doch, wenn der Nikotingestank vom eigenen Körper, wenn der Geruch nach kaltem Rauch aus der Wohnung verschwindet! Wie schön, wenn die Zähne wieder weiß werden und den gelbschwarzen Belag verlieren! Wie wohltuend, wenn das Geräuspere und Gekrächze aus Luftröhre und Rachen verschwinden, wenn das Herz sich wieder gesünder fühlt, die Atmung freier wird, und vor allem: wenn man wieder unabhängig, frei wurde vom Glimmstengel, vom nervösen Tasten nach der Zigarettenschachtel, vom Zustand, in dem man es kaum mehr erwarten konnte, die nächste Zigarette anzuzünden und ganz tief zu inhalieren.

Mit der Ableitungskur, der Neuordnung der Lebensweise ist die günstige Gelegenheit gekommen, das Rauchen stärkstens einzuschränken, oder noch viel besser, es endgültig aufzugeben.

Autosuggestionsformel: Der Geschmack des Tabaks stößt mich ab!

Letzteres geht aber meistens nur schlagartig und unwiderruflich! Hunderttausende, auch schwerste Raucher, konnten sich schon das Rauchen endgültig abgewöhnen, nur durch den eigenen festen Entschluß bestimmt und durch die Erkenntnis der oft sehr schweren gesundheitlichen Schäden, die ihnen durch das Nikotin gedroht haben oder bereits zugefügt worden sind.

Die Folgen des Nikotinmißbrauchs

Raucherkatarrh; Rachenreizung; Raucherbronchitis; Raucherhusten; Zungen-, Rachen-, Luftröhrenkrebs; Bronchialentzündung oder -krebs

Magen-, Zwölffingerdarmentzündung, -geschwür, Übersäuerung, Gallenflußhemmung; Darmfloraschaden; Lungen-Tbc; Lungenkrebs

Bindehautentzündung, veget. Nervenstörung; Nervenentzündung, hormonelle Störungen; Impotenz; Sterilität; Angina pectoris; Stenokradie; Herzinfarkt

Durchblutungsstörung; Gefäßkrankheiten; Morbus Reynaud; Morbus Bürger-Winiwarter; Raucherbein; Fußgeschwür; Amputation

Als Nervengift, das die Ganglien des vegetativen Nervensystems zuerst erregt und dann lähmt, was der Raucher als beruhigende Wirkung empfindet, schädigt das Nikotin gerade denjenigen, der die Zigarette „dringend braucht, um sich zu beruhigen“; der sie also nicht nur aus reinem Genuß, sondern vor allem als Droge zu sich nimmt.

Nikotin wird großteils in der Leber entgiftet. Diese steht dadurch weniger für andere Stoffwechsel- und Abwehrfunktionen zur Verfügung. Größere Nikotinmengen verändern auch die Haut, die schließlich tabakbraun wird, rascher welkt und knittert, wie es von stark pfeiferauchenden Indianersquaws bekannt ist.

Umfang und Auswirkung des heutigen Tabakmißbrauches gingen bereits aus einer Resolution der Teilnehmer des 25. Kongresses des Zentralverbandes der Ärzte für Naturheilverfahren 1963 an die deutsche Bundesregierung hervor. Darin wurde die wissenschaftlich erwiesene Tatsache betont, daß durch das Rauchen mehr Menschen in der Bundesrepublik an Lungenkrebs und Gefäßkrankheiten litten und noch erkrankten als durch alle anderen Schädlichkeiten zusammen. Auch wurde schon darauf hingewiesen, daß Raucher im Vergleich zu Nichtrauchern 36mal so häufig von Gefäßkrankheiten betroffen werden. Und mehr als 100000 Männer in der Bundesrepublik, so die beklemmend präzise Prognose, müssen in den nächsten Jahren mit der Amputation einer Extremität rechnen, die ohne den „Blauen Dunst“ bei der Hälfte vermeidbar wäre.

Sieben Tatsachen, die gegen das Rauchen sprechen

Der bekannte „Terry-Report" (USA, Untersuchungen an 1,5 Millionen Rauchern und Raucherinnen) besagt:

1. Die Sterblichkeit ist bei Rauchern höher.
2. Die Sterblichkeit steigt mit der Anzahl der gerauchten Zigaretten.
3. Die Sterblichkeit steigt mit dem Ausmaß der Inhalation.
4. Die Sterblichkeit steigt mit stärkerem Herunterrauchen der Zigaretten.
5. In der Gesamtsterblichkeit der Raucher führt der Herzinfarkt (42,5%); es folgen sonstige Herz-Kreislauf-Krankheiten (18,4%) und Bronchialkarzinom (7,2%), sodann Kehlkopf-, Speiseröhren- und Mundhöhlenkrebs, Magen-Zwölffingerdarmgeschwüre.
6. Die Gefahr der Frühsterblichkeit und Frühinvalidität durch Rauchen sinkt bei Aufhören des Rauchens.
7. Auch Nichtraucher, die sich in verrauchten Räumen aufhalten, werden von den Nikotingefahren betroffen (= „passives Rauchen").

Schwangerschaft und Rauchen

In einer amerikanischen Studie an 8 193 schwangeren Frauen [24] wurde festgestellt:

1. Wenn Mütter während der Schwangerschaft rauchten, war bei den Neugeborenen ein verzögertes (retardiertes) Wachstum festzustellen. Das betraf alle Körpermaße, einschließlich Kopfumfang und Körperlänge.
2. Diese Entwicklungsstörung hält trotz des Heranwachsens der Kinder jahrelang an. Im Schnitt besteht noch im siebten Lebensjahr (!) ein klares Defizit gegenüber den Nichtraucherkindern.
3. Die Wachstumsstörungen sind um so offensichtlicher, je mehr die Schwangere geraucht hat.
4. Wird das Rauchen zu Beginn der Schwangerschaft aufgegeben, zeigt das Neugeborene normale Körpermaße.
5. Wenn Mütter mehrere Kinder geboren und nur während einer Schwangerschaft geraucht hatten, waren nur die Raucherkinder retardiert, die anderen hingegen normal.

Mit Recht geißelt der Krebsforscher Professor Schmidt die lasche Haltung der medizinischen Fakultäten gegenüber dem Rauchen. Diesbezüglich sei hier die Vorsorgemedizin praktisch noch eine unbekannte Vokabel!! Jeder Arzt sollte sich seiner Leitbildfunktion in Gesundheitsfragen bewußt sein und als Vorbild auf das Rauchen verzichten. Dem Rat eines rauchenden Arztes, man möge das Rauchen einstellen, fehlt jegliche Glaubwürdigkeit und Wirkung. Auch in Krankenhäusern müßte selbstverständlich das Rauchen verboten sein! Der Patient sollte hier ja gesund und nicht durch Weiterrauchen an der Ausheilung behindert werden! Schließlich hat der Steuerzahler mit seinen Beiträgen die Folgen der mangelhaften Einstellung vieler Ärzte und Krankenhäuser gegenüber den rauchenden Lungen-, Herz-, Gefäß-, Kreislauf- und anderen Kranken mitzufinanzieren!

Fall 12
Raucherbein

Beispiele aus der Praxis:
45jähriger Gewerbetreibender mit Raucherbein konnte trotz aller ärztlichen Verbote vom Rauchen nicht lassen. Sein Fuß wurde weiß und kalt, die Zellen starben ab, worauf eitrig faulende Geschwüre auftraten. Ein Fuß mußte amputiert werden. Schon am nächsten Tag, trotz strengsten Rauchverbots, wurde der Mann des Nachts beim Rauchen unter der Decke ertappt! Man warnte ihn vor dem Weiterrauchen, da er sonst das restliche Bein verlieren wurde. Vergebens. – Nach einigen Monaten mußte das ganze Bein abgesägt werden. Damit nicht genug! Der süchtige Mann konnte sich noch immer nicht von seinem Nikotingift befreien! Immer wieder wurde er rückfällig, rauchte zwar weniger als früher, aber dennoch so viel, daß er noch zweimal in die Klinik mußte (zur Amputation des verfaulenden zweiten Fußes und dann des restlichen Beinstumpfes).

Der Verfasser hat diesen Mann in der Klinik erlebt und zwei Jahre später auf der Straße getroffen. Ein armseliges Bündel Mensch, das doppelamputiert in einem Rollstuhl gefahren wurde: Da erzählte er, daß er jetzt (!) das Rauchen aufgegeben hätte. Nach der letzten Operation habe plötzlich jeder Zigarettenzug schwere Herzanfälle ausgelöst. Bei diesem Mann war bereits eine Zigarette am Tag eine verhängnisvolle Dosis. Leider hat er dies nicht schon früher einsehen wollen. Seine Erkenntnis kam bei ihm leider zu spät.

Kurreaktionen

Es gibt zweierlei Arten von Kurreaktionen: Erstens die Reaktionen des Kurkandidaten selbst; und zweitens die Reaktionen seiner lieben Mitmenschen. Wenn es auch nicht sicher ist, welche Reaktionen unangenehmer sein können, so ist es doch gewiß, daß keine von beiden tragisch genommen werden soll.

Zunächst die Kurreaktionen des Patienten selbst: Je verschlackter ein Körper ist, desto mehr Schlacken geraten durch die Kur in Bewegung. Sie gelangen in den Säftestrom und können dadurch eine Rückvergiftungs- oder Reinigungskrise verursachen: Kopfschmerzen, Schwindel, Übelkeit, Ekel vor Nahrungsaufnahme, üble Laune, Gereiztheit, Müdigkeit, Depressionen, Herzbeschwerden u. a. m. Diese Auswirkungen der aufgewirbelten Schlacken treten wenig verspürbar oder auch deutlich durch Stunden oder gelegentlich durch Tage auf. Ihrem erhöhten Giftgehalt entsprechend verändern sich auch die Kennzeichen der Säfte: Es kann vorübergehend Blässe, graugelbe Verfärbung, Umschattung der Augen, Blautönung der Lippen oder sonstwie angegriffenes Aussehen auftreten. Solche Erscheinungen brauchen aber keinerlei Sorge zu erregen! Im Gegenteil! Sie beweisen eine erfolgreiche Mobilisierung und Ausscheidung der Stoffwechselschlacken aus den Geweben! Sie sind daher erfreuliche Erfolgszeichen, die sich meist in Kürze wieder völlig rückgebildet haben. Auf jede Krise folgt besonderes Wohlbefinden.

Reinigungskrise

Bei Krisen ist oft zu trinken; Wasser pur oder mit Basenpulver, Mineralwasser, Kräutertee usw., auch Entgiftungsmaßnahmen, wie Marsch, Bäder usw., wirken rasch befreiend. Verdrießlichkeit bei Krisen ist fehl am Platz! Überhaupt ist es verkehrt, bei Störungen, die oft schon seit vielen Jahren bestehen, eine Heilung über Nacht zu erwarten, oder eine Heilung, die sich sozusagen sang- und klanglos vollzieht. Der Heilungsprozeß braucht seine natürlichen Reaktionen und auch seine Zeit. Daher ist der Zustand des Patienten auch meist erst zwei Monate nach Kurende am besten.

Zu den Krisenreaktionen gehört auch das vorübergehende Aufflackern von chronischen Krankheitsherden mit akuten Beschwerden. Es können akute Ausheilungsprozesse entstehen, die aber meist in Kürze mit endgültiger Beseitigung des Krankheitsherdes enden. Näheres darüber in der Ergänzungsbroschüre *Die Darmreinigung nach Dr. F. X. Mayr.*

Kurgegner

Der Kurkandidat ist auch den Reaktionen von seiten seiner Mitmenschen ausgesetzt. Es ist verständlich, daß die meisten Menschen sich persönlich angesprochen fühlen, wenn sie von der Durchführung einer Regenerationskur hören. Regeneration, Entschlackung, Blutreinigung kann jeder brauchen. Interesse und Anteilnahme sind groß und um so größer, je dringender jemand selbst eine solche Kur benötigt. Die Vernünftigen werden durch das gute Beispiel überzeugt und zur Nachahmung angeregt. In der Überzahl sind jedoch die anderen, vor allem Übergewichtige, Besitzer eines stattlichen Wohlstandsbauches oder sonstiger angefutterter Leiden. Sobald sie etwas von „Einschränkung im Essen" oder „Verzicht auf das Nachtmahl" hören, reagieren sie sauer. Da sie selbst zu schwach sind, Einschränkungen einhalten zu können, fühlen sie sich durch das vorgelebte Beispiel beschämt und persönlich angegriffen. Daher gehen sie offen oder versteckt zum „Gegenangriff" über: Sie erklären, daß diese Kur sehr gefährlich sei, daß sie schwere Gesundheitsschäden zur Folge habe; daß die (vorher beneidete) Gewichtsabnahme die Menschen alt und häßlich mache usw.

Die Erfahrung lehrt daher, daß man zu solchen Menschen von der Kur möglichst nichts sagen und auf jeden Fall seinen Humor behalten sollte.

Kurausklang

Die Kur soll nicht plötzlich abgebrochen werden, sondern man läßt sie allmählich ausklingen. Einige „langfristige Investitionen" für eine gesündere Zukunft werden beibehalten: neue Eßkultur, Abstellung schädlicher Gewohnheiten und eine oder mehrere der Zusatzmaßnahmen. Anstelle dieser können auch andere sinngemäße Anwendungen treten, wie Sauna, Dampfbäder, Schwimmbäder usw., deren hohen gesundheitlichen Wert schon der bekannte Satz ausdrückt:

Bäder bauen, heißt Spitäler sparen!

Die Wirkung einer Blut- und Säftereinigungskur hält unterschiedlich lange an. Im Durchschnitt sollte sie jährlich einmal durchgeführt werden. Wiederholungskuren sind meist von kürzerer Dauer und fallen noch leichter. Am meisten Freude bringen sie, wenn sie geschlossen von einer ganzen Familie gemeinsam eingehalten werden. Es wird ausdrücklich betont, daß Kinder besonders gut und dankbar ansprechen. Viele Patienten finden aber auch, vom Ergebnis der Milden Ableitungskur ermutigt, beim nächsten Mal den Weg zur Darmreinigungskur nach F. X. Mayr.

Beispiele aus der Praxis:

Fall 13 Epileptiforme Anfälle

Mädchen, 11, blaß, aufgeschwemmt, litt an epileptiformen Anfällen, anfallweisem Sternsehen, Erbrechen und Kopfschmerzen. Seit zwei Jahren stand es in klinisch-neurologischer Behandlung und erhielt seither ständig Medikamente. Als diese Medikamente Veränderungen des Blutbildes und Ödeme verursacht hatten, erhielt das Kind zusätzlich weitere Medikamente, welche den Nebenwirkungen der ersten Medikamente entgegentreten sollten. Da auch diese Präparate nicht vertragen wurden, unterzog sich das Kind, gemeinsam mit seiner Mutter der MILDEN ABLEITUNGSKUR. Die Mutter litt unter Verdauungsbeschwerden, Völlegefühl, chronischen Kopf- und Kreuzschmerzen.

Nach sofortigem Verbot aller Medikamente erhielten beide Patienten gemeinsam:

eine Woche VORKUR; ab dem achten Tag zusätzlich kalte Reibesitzbäder, zweimal je 20 Minuten täglich, MILDE ABLEITUNGSDIÄT, Zucker-Rohkost-Verbot. Am zehnten Tag erhielt nur die Tochter, Cantharidenpflaster im Nacken als einmalige Anwendung alle vier Wochen über ein Jahr hindurch, ab dem 14. Tag zusätzlich Heilmassagen, besonders der Wirbelsäulen-, Kreuz- und Kopfbereiche und ab dem 21. Tag kleiner und großer Marsch (Schulweg und Wochenendausflüge).

Von da an war die Mutter endgültig beschwerdefrei, während bei der Tochter noch zweimal Anfallsvorstadien auftraten. Nach zehn Kurwochen war das Kind wie ausgewechselt. Es war viel lebhafter, fröhlicher und geistig reger, kam in der Schule, in der es bereits zwei Jahre verloren hatte, wieder spielend mit, und blieb seit drei Jahren anfallsfrei, wobei alljährlich eine MAYR-KUR und täglich ein Reibesitzbad durchgeführt wird.

Fall 14
Blutunterdruck

Diplomingenieur, 46, mit gelbgrünlicher Hautverfärbung, litt seit Kriegsende an Durchfällen, Nierenschmerzen und quälenden Unterdrucksymptomen (Blutdruck um 80 mm Hg), so daß er seinen beruflichen Pflichten nur noch mit größter Mühe nachkommen konnte. Die zahlreichen bisherigen Behandlungen konnten weitere Verschlechterung nicht aufhalten. Nach sofortigem Absetzen seiner zahlreichen Medikamente erhielt er: eine Woche VORKUR, ab dem achten Tag MILDE ABLEITUNGSDIÄT mit Kaffee-, Zucker-, Rohkostverbot, ab dem 14. Tag zweimal wöchentliche Heilmassagen und ab dem 21. Tag heißes Rumpfreibebad.

Nach achtwöchiger ABLEITUNGSKUR war der Patient beschwerdefrei und völlig leistungsfähig. Der Stuhl war normalisiert, der Blutdruck auf 110/60 angestiegen. Nach der Kur wird täglich ein kühles Rumpfreibebad genommen und viel Gymnastik betrieben.

Fall 15
Nervenwurzelentzündung

Hausfrau, 52, fahlgrau, aufgeschwemmt, Rheumatikerin, litt seit zehn Jahren an Gelenkbeschwerden, Spondylose der Wirbelsäule, Bandscheibenschaden und wiederholten Nervenwurzelentzündungen im Bereich des Ischiasnervs, so daß sie wochenlang unter heftigsten Schmerzen liegen mußte. Außer mehreren Spital- und Heilbadaufenthalten, Entfernung aller Zähne und der Tonsillen, andauerndem Tragen eines Stützmieders, hatte sie schon so viele medikamentöse Kuren hinter sich, daß sie sich davon wie „durch und durch vergiftet“ bezeichnete. Bei jedem geringsten Anlaß brach sie in Tränen aus; jede Witterungsveränderung brachte Verschlechterung. Sie konnte nur langsam und hinkend gehen.

Behandlung: VORKUR – Heilmassagen, Verbot von Zucker und Rohkost, viel Basenpulver, bescheidenste Schonkost mit Fleischverbot, tägliche Auslaugebäder, später kühle (!) Rumpfreibebäder. Das Mieder wurde abgelegt und Chirotherapie durch einen chiropraktischen Arzt durchgeführt. Patientin war nach zwölf Wochen außerordentlich gebessert und fühlte sich gesünder und jünger als vor zehn Jahren. Außer Wetterfühligkeit keine Rückfälle eingetreten.

Fall 16
Zustand nach Herzinfarkt

Konzerndirektor, 52, blaurot verfärbtes Gesicht, übergewichtig, mit erhöhtem Blutdruck (195/105), hatte vor zwei Jahren einen Herzinfarkt und litt seither an Herzbeschwerden, Atemnot, Nervosität, Gereiztheit sowie an Darmträgheit und Blähungen, welche einen Zwerchfellhochstand mit Herzsensationen verursachten.

Therapie in wöchentlichen Abständen: VORKUR mit fünfmal Basenpulver täglich, bescheidene milde Schonkost mit Verbot jeglichen tierischen Eiweißes, des Kaffees und Alkohols, kühle Rumpfreibebäder, Heilmassagen, kleiner und großer Marsch. Patient führt alles gewissenhaft durch, hat nach sechs Wochen alle Beschwerden sowie elf Kilo an Gewicht verloren, weist normalisierten Blutdruck auf und fühlt sich wieder voll leistungsfähig.

Fall 17
Zwölffingerdarmgeschwür

Büroangestellte, 28, mit blaßgrauer Gesichtsfarbe, litt seit zehn Jahren an Darmträgheit, starken Kopfschmerzen, Müdigkeit, Depressionen, Menstruationsstörungen, Gastritis und zum zweiten Mal an einem Zwölffingerdarmgeschwür.

Therapie in wöchentlichen Abständen: VORKUR, als Tee zwischen Mahlzeiten und bei Nüchternschmerz Käsepappeltee (Malve) mit Basenpulver, allenfalls Kursemmel nach DR. MAYR – MILDE ABLEITUNGSDIÄT mit Verbot der gärungsfreudigen Kost, vor allem des Zuckers, Verbot von Nikotin, Alkohol und Koffein, Reibesitzbad, Patientin war süßigkeiten-, nikotin- und koffeinsüchtig, Stubenhockerin und kältescheu! Da ihr erklärt wurde, daß die Behandlung sofort abgebrochen werde, wenn sie rauche, Kaffe trinke oder sonstige Fehler mache, und da sie selbst endlich aus ihrem Krankheitselend heraus wollte, hielt sie alle Gebote strikt ein. Nach sechswöchiger Kur war im Röntgenbild nur mehr eine geringe Restgastritis aufzudecken, das Geschwür war geheilt. Es stellten sich wieder regelmäßige Perioden ein, Kopfschmerzen und Depressionen verschwanden. Patientin gewann eine neue Einstellung zum gesamten Leben, zur Arbeit und Freizeitgestaltung.

Fall 18
Nierensteine in Restniere

Mechanikermeister, 49, mit blaß-gelblicher Gesichtsfarbe, hatte bereits eine Niere nach mehrfachen Nierensteinoperationen entfernt bekommen. Im Nierenbecken der restlichen Niere befand sich ebenfalls ein größerer Stein. Patient war wegen ständiger Nierenschmerzen und quälendem Kopfdruck lebensmüde, hatte seinen Beruf aufgegeben und lebte von einer Rente. Der Reststickstoff war erhöht, der Urin eiweißhaltig, auffallend mißfarbig, trüb und übelriechend. Um den Patienten von der Wirksamkeit der Methode zu überzeugen, wurde zunächst nichts anderes angeordnet als dreimal täglich 30 Minuten Reibesitzbad nach KUHNE. Menge und Aussehen des Urins, der jeweils in ein Meßglas entleert werden mußte, war stets schriftlich festzuhalten. Bereits nach fünf Tagen zeigte sich wesentlich gesteigerte Harnausscheidung, die allmählich klarer und weniger riechend wurde. Am zehnten Tag war deutliche Verminderung des Reststickstoffes, des Eiweißgehaltes im Harn und der Kopfbeschwerden eingetreten. Nun folgte in wöchentlichen Abständen: VORKUR – Heilmassagen – Milde Ableitungsdiät, Verbot von allem tierischen Eiweiß, Marschieren. Nach zwölf Wochen Kur wies Patient stets reichlichen, regelmäßigen, klaren Urin auf und hatte seine Beschwerden sowie acht Kilo Gewicht verloren. Er wurde wieder berufstätig. Die Nachbehandlung bestand in zweimal täglichen Reibesitzbädern und einer alljährlichen MAYR-KUR, weil diese auf die Grundursache der fortlaufenden Steinbildung, auf die entgleiste Stoffwechselsituation einwirkt.

Fall 19 Spastische Bronchitis

Mageres Mädchen, acht Jahre, gelbgrünliche Gesichtsfarbe, bläuliche Lippen, elende Körperhaltung, litt seit dem zweiten Lebensmonat an spastischer Bronchitis. Immer wieder bekam es Erkältungskrankheiten, herdweise Lungenenentzündungen, ohne ersichtlichen Grund Temperaturen bis 38,5 Grad. Nach mehreren Spitalaufenthalten stand es in ambulanter Dauerbehandlung durch die Universitäts-Kinderklinik, wo es seit sechs Monaten ununterbrochen ein sehr eingreifendes Breitbandantibiotikum einnehmen mußte. Dabei verlor das Kind allen Appetit. Mächtige Gasauftreibung des Leibes, Stuhlverstopfung und ständige Bauchbeschwerden traten auf. Dagegen erhielt das Kind weitere Medikamente, jedoch mußte es das Antibiotikum weiter nehmen, um neuerlichem Auftreten der Lungenentzündung und anderen Komplikationen vorzubeugen. Da sich aber der Allgemeinzustand des Kindes ständig verschlechterte, unterzog sich die Mutter gemeinsam mit dem Kind der MILDEN ABLEITUNGSKUR:

VORKUR mit Absetzen sämtlicher Medikamente, nasale Reflexzonentherapie, Zucker-Rohkost-Verbot, tägliche heiße Brustwickel, Heilmassagen, kalte Reibesitzbäder, Gymnastik, homöopathische Zusatzbehandlung. Die Kontrolle nach einem Jahr zeigte ein unvergleichlich gesünderes Kind, das sich gut entwickelt und keinen Rückfall erlitten hatte. Alle aufgetretenen Erkältungs- und Infektionskrankheiten wurden durch die verordneten Blut- und säftereinigenden Maßnahmen bei akuten Krankheiten stets in wenigen Tagen völlig behoben (siehe nächstes Kapitel!).

Form II der Blut- und Säftebehandlung

Blut- und Säfte-Reinigung bei akuten Fällen

Die blut- und säftereinigende Behandlung ist auch bei aktuen Erkrankungen angebracht. Erkältungsfolgen, Grippalinfekte und sonstige Infektionskrankheiten bei Kindern und Erwachsenen werden heute fast nur mehr medikamentös bekämpft; nicht zuletzt mit Antibiotika. Die tief eingreifende, ja mitunter lebensrettende Wirkung dieser Präparate steht außer Zweifel; ebenso ihre möglichen Schattenseiten. Die wissenschaftlich medizinische Literatur über Nebenwirkungen, Nachwirkungen und Nachschäden wächst unaufhörlich an. Oft heißt es auch, daß man

– bei leichtfertiger Anwendung dieser Präparate mit „Kanonen auf Spatzen" schieße (wobei nicht nur die Spatzen getroffen werden); daß man
– „Sintflutmethodik" betreibe, also mit den schädlichen auch die nützlichen Bakterien vernichte (wodurch Nasen-, Rachen-, Darmfloraschäden und Pilzbefall nachfolgen können); daß man
– die körpereigenen Verteidigungskräfte zum Verkümmern bringe, da ihnen jede Bakterienbekämpfung medikamentös abgenommen werde; und schließlich, daß
– bereits ein Teil der ärztlichen Tätigkeit in der Bekämpfung von Störungen bestünde, die durch Medikamente verursacht worden seien.

Bedenkt man dazu, wie verbreitet solche „Kanonenmittel" auch bei geringfügigen, ja sogar lächerlichen Anlässen angewendet werden, und wie viele Patienten selbst bei banalen Erkältungen danach verlangen, dann zeigt sich neben dem ärztlichen noch ein moralischer Gesichtspunkt:

Hier handelt es sich bereits um eine weitverbreitete Verweichlichung, eine gesundheitsfeindliche Degeneration, zu deren Entwicklung gerade die allzu einseitige medikamentöse Therapie das Ihre beigetragen hat.

Die Säftebehandlung bei akuten Prozessen entspricht dem obersten ärztlichen Gebot: primum nil nocere! – Vor allem nicht schaden! Was nützte eine Mayr-Kur, Ableitungskur, Kneipp-Kur oder sonstige Entgiftungskur, was nützten alle Bemühungen um gesündere Ernährung und Lebensweise, alle Bestrebungen „giftfrei" zu leben, wenn der nächst Grippalinfekt mit hochdosierten Antibiotika bekämpft würde, und wenn daraus eine Schädigung des Immunsystems etwa mit Pilzbefall entstünde?

Bei jeder akuten Erkältungs- und Infektionskrankheit gelangen Bakterien oder sonstige schädliche Stoffe, Toxine, massenweise in den Säftestrom und werden von ihm überallhin getragen. Je rascher und intensiver eine Säfteentgiftung durchgeführt wird, desto rascher wird der Giftspiegel der Säfte gesenkt; desto rascher werden die Vergiftungssymptome (Kopfschmerz, Brechreiz, Frösteln usw.) beseitigt, desto rascher die Abwehrkräfte mobilisiert und der Heilungsprozeß in Gang gesetzt. Die Krankheit erhält wenig Möglichkeit, sich auszubreiten und ihre vollen Zerstörungskräfte zu entwickeln. Es kommt somit bei dieser Therapie darauf an, 1. möglichst frühzeitig mit der Behandlung einzusetzen und 2. möglichst oft die Entgiftungsmaßnahmen zu wiederholen.

Vorteile der Säftebehandlung

Dabei zeigt sich der erste Vorteil der Säftebehandlung:

Während der Arzt zur gezielten Verordnung von Medikamenten oft lange warten muß, bis er eine genaue Diagnose stellen kann, ist bei der Säftebehandlung fast immer sofort mit der ungezielten (unspezifischen) Entgiftungsbehandlung einzusetzen. Daher konnte Professor Brauchle, der über 40000 Patienten ausschließlich mit naturgemäßen säftereinigenden Maßnahmen behandelte, aus seiner Erfahrung heraus erklären:

„Bei den akuten Erkältungs- und Infektionskrankheiten sind die naturgemäßen Behandlungsmethoden von der Diagnose völlig unabhängig. Die Behandlung richtet sich nur nach den Gesichtspunkten der Entgiftung und Abwehrsteigerung, da die spezifische Krankheitsbekämpfung von der Natur selbst durchgeführt wird." [25].

Die Durchführung von Entgiftungsmaßnahmen schon beim allerersten Krankheitszeichen wird oft die Krankheit zu einem Zeitpunkt ausleiten, an dem sie für die spezifisch medikamentöse Therapie noch klärungsbedürftig ist.

Daraus folgt der zweite Vorteil einer richtigen Säftebehandlung: Frühzeitig und intensiv eingesetzt, führt sie häufig zur rascheren und gründlicheren Ausheilung als die übliche, ausschließlich medikamentöse Therapie.

Der dritte Vorteil besteht im Ausbleiben verschiedener, sonst nicht selten auftretender Komplikationen. Brauchle sagte dazu: *„Bei naturheilkundiger Behandlung treten die gefährlichen Verlaufsformen und Komplikationen vieler Infektionskrankheiten überhaupt nicht auf“.*

Als vierter Vorteil zeigt sich die Aktivierung der körpereigenen Entgiftungs-, Abwehrund Selbstheilkräfte; und

als fünfter Vorteil die Möglichkeit, kombiniert zur Säftebehandlung Arzneien anzuwenden, wobei sich die Wirkungen beider Behandlungsarten gegenseitig unterstützen. In der Regel allerdings dürften bewährte biologische Arzneien genügen, wie Heilkräuter (z. B. Schwitztee, Katarrhtee), biologische Entgiftungsmittel (Heilerde, z. B. Luvos Heilerde Ultra), Kaffeekohle (von Madaus, Köln), physiologische Abwehrbakterien (Symbioflor I; Mikrolabor Herborn), pflanzliche Heilmittel zur Steigerung der körperlichen Abwehr (Influex, von Steigerwald, Darmstadt), Echinacin (Madaus), homöopathische Einzel- und Komplexmittel (Isonettin, JSO-Werk, Regensburg), Gripp-Heel (Heel, Baden-Baden) usw. Auch Vitamin C, das freie Giftradikale bindet, hilft bei hoher Dosierung. Für Erwachsene täglich vier bis fünf Gramm C (= vier- bis fünfmal je 1 Teelöffel C-Pulver gemischt mit einem Teelöffel Basenpulver auf ein Glas Wasser). Und selbst wenn wirklich einmal antibiotische Medikamente angewendet werden müssen, kann eine gleichzeitige Säftebehandlung die möglichen Nebenwirkungen mindern oder verhindern und raschere Heilung bewirken.

TemVitamin C säuert, daher mit Basen kombinieren

Der Nachteil der Säftebehandlung liegt in ihrer unbequemen Therapie: Der Kranke hat – anstatt sich nur seiner Krankheit hinzugeben und Medikamente einzunehmen – selbst an seiner Gesundung mitzuarbeiten. Diese Mitarbeit tut aber schon bald wohl, macht Freude und beschleunigt spürbar die Heilung [26].

Wie gründlich die natürlichen Methoden der Blut-Säfte-Reinigung akuten Prozessen abhelfen, haben schon Hippokrates und seine Jünger bis zu den verschiedenen heutigen, in ähnlichem Sinne tätigen Ärzte bewiesen. Auch die bekannten Naturheiler vom Schlage eines PRIEßNITZ, KNEIPP, SCHROTH, FELKE, KUHNE u. a. erzielten ihre Heilerfolge mit Behandlungsmethoden, die, wenn auch im einzelnen voneinander verschieden, so doch im wesentlichen von gleicher Wirkungsrichtung sind: Sie entgiften, reinigen die Säfte und steigern die Abwehrkräfte. Daß dadurch allein schon schwerste und mitunter scheinbar nicht mehr zu rettende akute Erkrankungsfälle oft noch auszuheilen sind, wie Gehirnhautentzündung, Kopfgrippe, Kinderlähmung, Netzhaut- und Rippenfellentzündung, Typhus, Ruhr, Scharlach, Diphtherie, Blutvergiftung u. a., das konnte in letzter Zeit auch Rosendorff anhand der Ergebnisse seiner 60jährigen Arztpraxis nachweisen [27].

Selbstverständlich dürfen säftereinigende Maßnahmen auch bei akuten Prozessen nicht in Eigenregie, sondern immer nur unter ärztlicher Leitung durchgeführt werden. Der Arzt trägt die Verantwortung, bestimmt die Diagnose sowie Art, Zahl und Intensität der Anwendungen. Vereinzelte Anwendungen sind zwecklos! Nur ein System einander ablösender und aufeinander abgestimmter Methoden führt zu rasch durchschlagenden Ergebnissen. Mißerfolg droht immer, wenn verzettelt oder inkonsequent vorgegangen wird.

Von den nachfolgend besprochenen zehn Maßnahmen bei akuten (fieberhaften) Erkrankungen sollen jeweils nur solche gewählt werden, die zur Bekämpfung der vorliegenden Erkrankungsart besonders geeignet erscheinen. So gut wie immer allerdings ist Fasten oder Teilfasten sowie Ableitung über den Darm, Einlaufserie und salinische Darmberieselung erforderlich.

Blut- und Säfte-Reinigung bei akuten Fällen – eine Übersicht

1. **Heilfasten:** Teefasten, eventuell nur Teilfasten (herabgesetzte Nahrungszufuhr).
   Reinigung des Verdauungssystems und der Körpersäfte von Mikroben, Krankheitsgiften, Ballaststoffen; Aktivierung der Abwehr- und Selbstheilkräfte; gesteigerte Giftausleitung. Erste Haupttherapie der Säftereinigung bei akuten Erkrankungen
2. **Einlaufserie:** drei (bis sechs) kleinere oder größere Einläufe am Tag durch ein bis vier Tage nach vorgeschriebener Menge und Temperatur.
   Rasche Ausleitung der Krankheitsgifte über den Darm nach außen. Säfteentgiftung, Fiebersenkung, Verbesserung von Kreislauf, Allgemeinzustand und subjektiven Erscheinungen. Verkürzung der Erkrankungsdauer, Vorbeugung von Komplikationen. Zweite Haupttherapie der Säftereinigung bei akuten Erkrankungen.
3. **Darmberieselung** mit salinischen Wässern: Einnahme von Bitter- oder Karlsbadersalz morgens nüchtern in vorgeschriebener milder Dosierung.
   Reinigende und entgiftende Wirkung auf die gesamten Verdauungswege und Verdauungsdrüsen, einschließlich Leber und Galle, Krankheitsableitung, Säftereinigung über den Darm. Wichtig als Ergänzung zu Maßnahme 2.

4. **Ansteigendes Bürsten-Halbbad:** Halbbad in gleicher Temperatur, wie sie der Kranke aufweist. Langsame Steigerung der Wassertemperatur um drei bis vier Grad Celsius. Unterwasserbürsten, abschließendes Kaltabreiben und Nachdunsten.
Wärmezufuhr zur Zeit eines Wärmedefizits. Intensive Durchblutung der Haut (als „Grab der Mikroben"), Ableitung der Giftstoffe über die Haut, Aktivierung der körpereigenen Abwehrsysteme. Besonders bei beginnenden fieberhaften Erkrankungen.
5. **Trockenbürsten und Wechseldusche:** Trockenbürsten des ganzen Körpers, anschließend heißes (warmes) Duschen.
Befreiung der Haut von den an ihr haftenden Krankheitsstoffen, Aktivierung der Hautfunktionen, Säfteentgiftung über die Haut, Zirkulationsanregung („Kapillartraining").
6. **Rumpfreibebad nach Kuhne:** Reibebehandlung des Unterleibs unter Wasser. Wassertemperatur individuell zwischen vier und 28 Grad Celsius. Temperaturen von 14 bis 18 Grad bei Fieber günstiger.
Steigerung der Verdauungs- und Entgiftungsfunktionen (Leber, Darm, Haut, Nieren), Entstauung des Bauchs, Kreislaufbelebung, Entfieberung, Abschwächung der Krankheitssymptome. Zählt zu den wirkungsvollsten Maßnahmen der Säftereinigung! Am besten als Serie!
7. **Reibesitzbad für Frauen nach Kuhne:** Ableitungsverfahren für Frauen. Es wirkt über die Blutgeflechte und vegetativen Nerven des weiblichen Genitales.
Steigerung der Entgiftungsfunktionen von Nieren, Darm und Schleimhäuten der Geschlechtsteile. Ähnliche Auswirkungen wie Rumpfreibebad. Am besten als Serie!

8. **Serienwaschung nach Kneipp:** Wiederholte Kaltabwaschung des bettlägerigen Kranken in Abständen von 30 bis 60 Minuten. Nach Schwitzbeginn Weiterbehandlung je nach Intensität des Schwitzens. Heiße Teezufuhr.
   Entgiftung und Ableitung über die Haut, Säftereinigung, Kreislaufbelebung, Kapillartraining.
9. **Entgiftungsmassage von Laien ausgeführt:** Intensive Reibemassage, besonders der Rückenpartien.
   Durchblutungsverbesserung des Rückenmarks und Nervensystems. Kreislaufanregung und Entgiftung über die Haut. Aktivierung der nervlichen Abwehrfunktionen.
10. **Kalte Wickel:** Leib, Brust, Hals, Gelenk, Waden- und andere Wickel. Lehm, Heilerde, Quarkwickel. Richtige Kälteanwendung ist aktive Wärmetherapie.
   Wickel erzeugen verbesserte Blut- und Säftezirkulation an besonders hilfsbedürftigen Körperpartien; sie fördern die Hautfunktionen, Entgiftung und Krankheitsableitung über die Haut. Oftmalige Erneuerung und Wiederholung der Wickel vervielfacht ihre Wirkung.

1. Das Heilfasten

Das erste und wichtigste Gebot bei fieberhaften Prozessen und den meisten akuten Krankheiten heißt: Fasten. So wie das kranke Tier instinktiv jede Nahrungsaufnahme meidet, sollte auch der Fiebernde bis zur Abfieberung nichts oder fast nichts essen. Schon Hippokrates lehrte: „Füttert man einen Kranken, so füttert man nur seine Krankheit!"

Ganz verkehrt ist Eiweißkost, vor allem Fleisch

Der Fieberkranke sollte also völlig fasten oder zumindest teilfasten, äußerst wenig essen, dafür aber oft und reichlich trinken. Der Fröstelnde nimmt heiße, der Fieberheiße kühle, aber nicht eiskalte Flüssigkeit. Am besten sind Kräutertees, beispielsweise Lindenblüte, Hagebutte, Kamille usw. mit Zitronen- oder Orangensaft und pro Tasse ein (bis zwei) Teelöffel Honig. Diese Form des Heilfastens wird als Teefasten bezeichnet.

Während der fieberhaften Erkrankung sind alle Schleimhäute, vor allem jene des Verdauungstraktes, auf Ausleitung der Krankheitsstoffe eingestellt. Jedes Essen, das jetzt vom Magen-Darm-Trakt aufgeschlossen werden soll, hemmt, ja behindert die Entgiftungsvorgänge und verlängert die Dauer der Erkrankung. Daher ist es widersinnig, den Fieberkranken oder Rekonvaleszenten zum Essen zu zwingen! Auch nach Abfieberung soll der Kranke weiterfasten oder wenigstens teilfasten, bis sich von selbst (!) echter Appetit mit instinktivem Verlangen nach bestimmten natürlichen Lebensmitteln einstellt. An diesem Zeitpunkt kann das Fasten allmählich beendet werden, indem man dem Patienten eine von ihm gewünschte, aber stets nur besonders leicht verdauliche Kost, wie Schleimsuppen, altbackenes Gebäck, geriebener Apfel, etwas Kompott, zartes gedünstetes Gemüse usf., nach und nach und in bescheidenen Mengen verabreicht.

Die Wirksamkeit des Fastens

Fasten führt nicht zur Schwächung des Kranken; es verkürzt die Krankheit und steigert die Wirksamkeit der zusätzlichen Maßnahmen.

Daher gilt: Ab Erkrankungsbeginn (fast) nichts mehr essen, oft Kräutertee trinken! Eventuell Vitamin C nehmen, wie schon beschrieben.

2. Die Einlaufserie

Dabei handelt es sich um eine ungemein wirksame Maßnahme zur Bekämpfung akuter Infektionskrankheiten. Sie sollte fast in jedem Fall angewendet werden! Schon bei den allerersten

Frühsymptomen der Erkrankung wird mit den Einläufen begonnen. Diese Behandlung wirkt rasch entgiftend und Krankheit ausleitend. In Frühstadien konsequent und richtig durchgeführt, kann sie sich allen medikamentösen und spezifischen Therapien überlegen zeigen. Dabei verkürzt sie die Erkrankungsdauer und schränkt die Entwicklung gefährlicher Verlaufsformen und Komplikationen ein. Selbstverständliche Voraussetzung ist, daß man sich selbst oder seinen Pfleglingen einen Einlauf richtig verabreichen kann, d. h. ohne daß die letzteren zunächst mit eingezogenem Hinterteil fluchtartig das Weite suchen! Mit etwas Geschicklichkeit verläuft die Prozedur selbst bei Kleinstkindern rasch, ohne Überschwemmung und Geheul. Mit ein wenig Einfühlungsvermögen kann man auch schwierigen Kindern die Einläufe machen, nachdem sich die erste Furcht bei ihnen gelegt hat.

Technik

Nach Füllung der Einlaufkanne mit Wasser ist alle Luft aus dem Schlauch abzulassen. Der einzuführende Stift, aber auch der After des Behandelten sind gut einzufetten. Der Patient führt sich am besten den Einlauf selbst in Hockstellung durch. Kinder läßt man einfach über einen Sessel vorbeugen, ein wenig wie zur Stuhlentleerung pressen, während, von ihnen kaum empfunden, der Stift eingeführt wird; schließlich wird der Hahn zum Einfließen aufgedreht, das Gefäß entsprechend höhergehalten (die Höhe bestimmt den Wasserdruck!) oder aufgehängt, während der Patient ruhig und tief atmen soll. Die Prozedur läßt sich ohne Schwierigkeit, allein, ohne Hilfsperson durchführen. Anfänger verrichten sie am besten in der Badewanne. Gleich darauf erfolgt Entleerung des Darmes. Noch einfacher ist die Technik mit der Klyso-Einlauf-Spritze, mit der man im Stehen etwa 10–20 Ballonentleerungen kontinuierlich einpumpt, bis zum Entleerungsdrang, dem man dann Folge leistet. [28]

Die Wassermenge beträgt bei Kindern je nach Alter 1/4 bis 1/2 Liter, bei Erwachsenen 1/2 bis 1 Liter. Bei Kältegefühl, Frösteln,

Schüttelfrost muß immer heißes Wasser, bei Wärme- oder Hitzegefühl des Kranken jedoch kühleres Wasser von etwa 37 Grad Celsius verwendet werden.

Durch ein, zwei, drei Tage (in seltenen Fällen auch länger) werden jeden Tag vier (bis fünf, bis sechs) Einläufe in ungefähr gleichen Abständen verabreicht. Bitte nicht wundern, wenn schon vor dem Einlauf Stuhl entleert wurde oder wenn die Wiederholung des Einlaufes fast nur mehr klares Wasser zutage bringt: Wegen seiner Blut- und säftereinigenden Funktionen werden bei fieberhaften Erkrankungen ununterbrochen (!) Giftstoffe, Eiweiß-Zerfallsprodukte, Bakterien und deren Leichenteile in den Darmkanal abgestoßen. Schon ein bis zwei Stunden nach einem Einlauf befinden sich wieder reichlich Giftstoffe im Darmrohr. Diese müssen alsbald wieder entsorgt werden, denn tut man das nicht, so wirken sie auf verschiedene Darmfunktionen übermäßig erregend oder lähmend. Abgesehen davon können die Gifte auch wieder in das Blut gelangen (Rückresorption), was zu einer Rückvergiftung und Verschlimmerung der Krankheit führt. Je öfter und gründlicher daher gerade in den ersten Tagen Darmentleerungen zustande kommen, desto rascher werden die Gifte ausgeleitet und desto schneller findet die Krankheit ihr Ende.

Werden aber am ersten Krankheitstag weniger als vier Einläufe durchgeführt, dann erfolgt die Giftausleitung zu selten! Die Therapie wird verzettelt, so daß nicht mit der sonst so häufigen Schnellheilung zu rechnen ist!

Mikroben und körperschädliche Stoffwechselprodukte werden mit dem ausfließenden Einlaufwasser ausgeschwemmt. Auch wenn dieses Wasser völlig klar erscheint, ist sein Giftgehalt dennoch vielfach sehr hoch. Der penetrante Geruch der Entleerung beweist es ebenso wie die Entlastung, die der Patient nach jedem Einlauf verspürt. Das Fieber klingt nach dem

Einlauf meist ab, der Kreislauf bessert sich, Kopf- und Magenschmerzen, Übelkeit, Brechreiz lassen nach, der Kranke fühlt sich wohler. Diese Verbesserung hält aber zunächst nur etwa zwei bis vier Stunden an, worauf sich die ursprünglichen Symptome wieder melden und das Fieber steigt. Spätestens dann sollte der nächste Einlauf vorgenommen werden, idealerweise hat man das schon früher getan. Auf diese Weise behandelt, ist beim Patienten das Fieber oft schon nach Stunden verschwunden. In der Regel ist er spätestens nach ein bis zwei (bis drei) Tagen endgültig fieberfrei, besonders wenn noch andere geeignete Giftableitungen zur Unterstützung herangezogen wurden. Auch nach Abfieberung sollten als Nachbehandlung bis zur endgültigen Genesung des Patienten, noch ein bis zwei Einläufe täglich vorgenommen werden, mit angenehm warmem Wasser, eventuell bei besonders Darmempfindlichen mit Kamillentee vermischt, um einer Entschleimung vorzubeugen.

Manchmal entzündet sich der After während der Einlaufserie. Das ist jedoch keine Folge der Manipulationen an sich, sondern Auswirkung eines abnorm hohen Giftgehaltes des abgehenden Stuhlwassers, welches die Afterschleimhaut reizt. In diesem Falle darf die Behandlung erst recht nicht abgebrochen werden. Die Einläufe sind zumindest so lange fortzusetzen, bis (und das wird nicht lange dauern) alle Entzündungserscheinungen verschwunden sind.

Einläufe dürfen bei akuten Erscheinungen im Bauchraum, wie besonders bei Blinddarmentzündung, Darmgeschwüren, Bauchfellreizung, nur nach ausdrücklicher Erlaubnis und nach individueller Vorschrift des Arztes durchgeführt werden.

Zusammenfassung

Ab dem ersten Krankheitszeichen täglich 4 (–5, –6) Einläufe mit ½ bis 1 Liter vornehmen. Bei Frösteln mit heißem, bei Hitze mit warmem Wasser.

3. Berieselung des Magen-Darm-Traktes durch salinische Wässer

Während die Einlaufserie bei der Reinigung der unteren Darmabschnitte hilft, wirken die salinischen Wasser darüber hinaus entgiftend und säubernd auch auf Magen, Leber, Galle und die oberen Darmteile. Man nimmt, auch bei Durchfall, auf 1/4 Liter lauwarmes Wasser einen gestrichenen Teelöffel (nicht mehr!) Bitter- oder Karlsbadersalz, oder einen gehäuften Kaffeelöffel F. X. Passagesalz, das nüchtern, mindestens eine halbe Stunde vor einem etwaigen Frühstück, getrunken wird. Zur Geschmacksveränderung kann Zitronensaft beigemischt werden. Während der Erkrankung wird dieses Getränk täglich eingenommen (siehe S. 67).

4. Das ansteigende Bürsten-Halbbad

Das Halbbad gehört zu den allerersten Maßnahmen bei Beginn von Erkältungs-, Grippal- und Infektionskrankheiten. Besonders für fröstelnde Kranke ist es eine heilsame Wohltat.

Technik

Man läßt in die Badewanne warmes Wasser ein, das der Fiebertemperatur, unter der Achsel gemessen, entspricht, und zwar so viel, daß es beim Sitzen bis Nabelhöhe reicht. Die Wassertemperatur läßt sich mit dem Thermometer kontrollieren. Mit einer kräftigen Bürste werden nun alle unter Wasser befindlichen Körperteile intensiv gebürstet. Bei schlechter Verfassung der Venen mit großen Krampfadern sollen die Beine nur in Richtung zum Herzen hin zart gebürstet werden, im übrigen wird die Haut nach beiden Richtungen hin „ausgebürstet“, d. h. durchgearbeitet, bis intensive Rötung erzielt wird. Nach zwei bis drei Minuten läßt man etwa zehn Minuten lang heißes Wasser langsam (!) zufließen, während zeitweilig etwas Wasser abgelassen wird, so daß der Wasserspiegel etwa auf gleicher Höhe bleibt. So wird die Temperatur allmählich so weit gesteigert, als man es gut verträgt (meist um drei bis vier Grad). Während dieser Zeit werden die Körperteile unterhalb des Nabels ununterbrochen gebürstet. Sodann wird langsam aufgestanden und der übrige Körper feuchtwarm durchgebürstet. Anschließend reibt man im Stehen einen Körperteil nach dem anderen mit einem Waschlappen kurz kalt ab; empfindsame und geschwächte Kranke tauchen den Waschlappen nur in kühles Wasser. Dann die ärgste Nässe von der Haut mit flacher Hand abstreifen und sich leicht feucht ins Bett legen und warm zudecken. Dadurch kommt es zu angenehmem Nachdunsten oder leichtem Schwitzen. Letzteres kann durch Trinken von ein bis zwei Tassen heißem Lindenblüten- oder Fliedertee noch unterstützt werden. Nach dem Schwitzen ist kurze Kaltabreibung des Körpers geboten (bei Empfindlichen immer nur kühl). Das entfernt den klebrigen, gifthaltigen Schweiß, verschließt Poren und stellt die Hautatmung wieder her.

Wird während des Bads die zunehmende Wärme schlecht vertragen, und treten Atembeschwerden, Herzklopfen, Übelkeit auf, dann wurde die Temperatur zu schnell erhöht oder die Temperaturzuträglichkeitsgrenze des Kranken überschritten. In diesem Fall läßt man energisch kaltes Wasser zulaufen, bis die Temperatur des Badewassers um drei bis fünf Grad unter die Ausgangstemperatur gesunken ist. Der Patient taucht für einige Minuten bis zum Hals in das gekühlte Wasser ein. Damit verschwinden die unangenehmen Erscheinungen und der Kranke fühlt sich wieder wohl.

Der Zweck des Bades ist erfüllt, wenn das Wärmedefizit des Körpers behoben ist, und wenn die gesamte Körperhaut, als „Grab der Mikroben", intensiv gerötet (durchblutet) und somit hochtourig in den Abwehr- und Entgiftungsprozeß eingeschaltet ist. Auch die übrigen Abwehrsysteme des Organismus werden dadurch aktiviert. Anstelle des Fröstelns tritt wohlige Durchwärmung ein. Die Anfangssymptome der Erkrankung, wie Kopf- und Augendruck, hämmernde Schläfen, Übelkeit und Brechreiz sind jetzt verschwunden oder fühlbar abgeschwächt. Die Kreislaufsituation, erkennbar am kräftigeren und gleichmäßigen Puls, hat sich deutlich verbessert. Meist tritt beim Nachdunsten noch weitere Erleichterung ein.

Zusammenfassung
Warmes Sitzbad, besonders für fröstelnde Kranke mit ständigem Unterwasserbürsten. Durch 10 Minuten langsamer Heißwasserzufluß. Abschließendes Kaltabreiben.

5. Die Wechseldusche oder Wechselabreibung

Morgens und abends Trockenbürsten und Wechselduschen oder wenn keine Duschmöglichkeit besteht, heiß-kalte Wechselabreibung. Beschreibung siehe S. 70!

Durch diese Anwendungen wird die Haut von ihren Ausscheidungen, Ausdünstungen und Krankheitsstoffen, die teils in ihr, teils an ihrer Oberfläche haften und die Hautfunktion beeinträchtigen, befreit und in ihrer Funktion aktiviert.

Führt zur Krankheitsableitung und Zirkulationsanregung.

6. Das Rumpfreibebad

Das Rumpfreibebad nach Louis Kuhne gehört zu den wichtigsten Behandlungsmitteln bei akuten Prozessen, Kuhne empfiehlt: *„Abkühlung durch Rumpfreibebäder und Wiedererwärmung ist so oft zu wiederholen, als noch Fieber auftritt.“*

Es sollte fast bei jedem Fieberkranken angewendet werden, nicht aber beim Fröstelnden.

Letzterer gehört in das ansteigende Bürsten-Halbbad! Das Bad kann nach den Einläufen genommen werden, also als Serie, mindestens aber zweimal täglich. Man kann es auch im Anschluß an eine Schwitzprozedur oder unabhängig von anderen Maßnahmen benützen. Die wirksamste Badetemperatur liegt bei 14–18 Grad, bei kälteempfindlichen Kranken bis 28 Grad Celsius. Das Bad wird bis zur allgemeinen Abkühlung genommen, der fieberheiße Kopf, hämmernde Schläfen und der „glasige“ Blick des Fiebernden sollen verschwunden sein (was meist nach 10 bis 20 Minuten der Fall ist). Nach dem Bad ist sofort durch Bettruhe, heißen Kräutertee und Wärmflasche für gute Wiedererwärmung zu sorgen.

Das Rumpfreibebad, lange und oft genug durchgeführt, setzt das Fieber herab, nimmt Kopfschmerzen, Benommenheit, Fieberdelirien weg, befreit Nase und übrige Atemwege, auch bei Schnupfen und Luftröhrenkatarrh, fördert den Auswurf, regt die Verdauungs- und Kreislauffunktion an.

Ängstliche Naturen scheuen sich, aus Furcht vor Verkühlung, das Rumpfreibebad anzuwenden. Und genau das ist falsch, da dieses Bad bei richtigem Vorgehen ideal zur Vorbeugung und Bekämpfung von Erkältungskrankheiten ist! Bei Schnupfen, Grippe, Husten, Mandelentzündung, Mittelohrentzündung, Impffieber, Masern, Scharlach, Lungenentzündung usw., gerade auch in Fällen mit bedrohlichen Erscheinungen, hohem Fieber usw., kann dieses Bad als Serie sehr erfolgreich angewendet werden (siehe Diphtheriefall auf S. 15). Durchführung siehe S. 95.

7. Das Reibesitzbad für Frauen

Das Reibesitzbad nach Kuhne wirkt ähnlich fiebersenkend, giftausleitend und kreislaufbelebend wie das Rumpfreibebad; es kann daher an dessen Stelle oder zu dessen Ergänzung genommen werden. Bei Fieber ist es möglichst kühl, bei 12–14 Grad Celsius, und möglichst oft, am besten als Serie drei- bis viermal täglich, zu nehmen. Die Badedauer beträgt 20–30, in ernsten Fällen sogar bis 60 Minuten. Dabei können die Füße auf eine heiße Wärmflasche oder in einen Kübel mit heißem Wasser gestellt werden, so daß die lange Badedauer gut vertragen wird. Nach 30 Minuten ist das Badewasser zu erneuern. Bei richtiger Durchführung ist die Wirkung gerade auch bei schweren Fällen überzeugend (Beschreibung S. 101).

8. Die Serienwaschung nach Sebastian Kneipp

Nach der Serienwaschung wäscht sich der vorher gut durchwärmte, bettlägerige Patient mit einem in Leitungswasser getauchten und etwas ausgedrückten Tuch in raschen Zügen schnell ab (oder wird abgewaschen). Das Tuch soll wiederholt eingetaucht und ausgedrückt werden. Festes Reiben stört die erwünschte Reaktion. Die Reihenfolge der Abwaschung erfolgt am besten: Hand – Arm – Achselhöhle beiderseits; Hals – Brust – Bauch – Seiten – Rücken; Fuß – Bein – Gesäß beiderseits. Während der Waschung tief mit offenem Mund atmen. Im Anschluß daran legt sich der Kranke ohne jedes Abtrocknen feucht in das warme Bett (mit Wärmflasche) und deckt sich zum Nachdunsten gut zu.

Die Waschung soll nicht länger als zwei Minuten dauern. Jede halbe, spätestens jede ganze Stunde wird dieser Vorgang wiederholt, bis Schwitzen eintritt. Die Waschungen können auch dann noch fortgesetzt werden, wobei man das entgiftende Schwitzen dosiert verlaufen lassen kann; die Entgiftung wird durch Anzahl und Intervalle gesteuert. Schläft der Kranke ein, dann wartet man mit der Fortsetzung der Waschung bis zum Erwachen.

Vorteilhaft ist es, dem Patienten zwischen den Waschungen wiederholt heißen Kräutertee (Lindenblüte, Flieder) zu verabreichen. Durch Trinken und Schwitzen wird ein Flüssigkeitsstrom vom Magen zur Haut hin, also von innen nach außen, in Bewegung gesetzt, der die Infektionsgifte zum Orte ihrer Ausscheidung abtransportiert.

Die Serienwaschung wirkt besonders belebend auf das Kapillarnetz, auf die hunderttausend Kilometer des Kapillarmotors; sie entleert die gestauten Blutspeicher und verbessert jedesmal, wie eine Herzinjektion wirkend, die Herz- und Kreislauftätigkeit. Selbst wenn in seltenen Fällen nach einigen Stunden Serienwaschung noch kein Schwitzen auftritt, so wird doch durch die Hautausdünstung die Säftezirkulation, die Abwehrtätigkeit und die Entgiftung so erheblich gesteigert, daß für den Kranken eine fühlbare Hilfe eintritt.

Zusammenfassung

Der bettwarme Kranke wäscht sich alle 30–60 Minuten mit einem kalt-nassen Tuch schnell ab, legt sich feucht zu Bett, deckt sich warm zu und kommt zu entgiftendem Dunsten und Schwitzen. Steigerung durch Schwitztee und Wärmflaschen.

9. Die Entgiftungsmassage, von Laien ausgeführt

Die Massage ist eine so wirkungsvolle Heilmaßnahme, daß sie selbst dort, wo nur einigermaßen massagekundige Laien im Sinne des nachstehenden Schemas vorgehen, noch ausgezeichnete Wirkungen ermöglicht.

Technik

Der Kranke liegt mit entblößtem Rücken auf dem Bauch. Der Massierende reibt als erstes mit beiden trockenen (nicht eingefetteten) flachen Händen vom Nacken bis zum Gesäß den ganzen Rücken und die Seiten ab, indem er durch etwa fünf bis sieben Minuten, ohne allzustark zu drücken, den Rücken hinauf und hinunter so flüssig hin und her reibt, daß Hände und Rückenhaut sich allmählich durchgehend erwärmen und fast brennendheiß werden.

Sodann werden Rücken und Seiten mit beiden flachen Händen durch einige Minuten in Kreistouren mit leichtem Druck gerieben, bis sich die Haut noch mehr als bisher rötet und es dem Behandelten und nebenbei auch dem Behandler! durch und durch warm wird. Die Hände des Masseurs haben inzwischen von den Giftstoffen, die sie dem Kranken abgenommen haben, einen üblen Geruch erhalten. Daher deckt er den Kranken jetzt schnell zu und wäscht sich gründlich die Hände. Sogleich anschließend werden Arme und Beine des Patienten mit flacher Hand hin und her gerieben. Abschließend geschieht dies vorwiegend in Richtung vom Rumpf zu den Finger- oder Zehenspitzen, und zwar so, als wollte man die schädlichen Stoffe über die Arme und Beine zu den Fingern bzw. Zehen hinschieben, hinausstreichen und hinausziehen. Bei Krampfadern werden die Beine nicht behandelt. Zuletzt wird der Kranke entblößt, worauf sein ganzer Körper vom Kopf zu den Fingern und vom Kopf zu den Zehenspitzen hin in langen Zügen etliche Male abgestreift wird (Abschlußbehandlung).

Nun überläßt man den gut zugedeckten Patienten dem wohligen Nachruhen. Ein in diesem Zustande auftretendes Frösteln in Händen und Füßen ist Zeichen einer erwünschten, weil erfolgreichen Reaktion des Körpers auf die Massage. Es handelt sich um eine besonders starke Giftstoffverschiebung in die Körperperipherie und erfordert Verabreichung warmheißer Getränke und einer Wärmflasche. Bei anhaltendem Frösteln schließt man das ansteigende Bürsten-Halbbad an, welches die Beschwerden beseitigt und die Massagewirkung noch steigert. Gleich nach Abschluß der Massage wäscht sich der Massierende nochmals gründlich die Hände.

10. Die kalten Wickel

„Ein guter Arzt heilt mit einem nassen Handtuch mehr als ein schlechter mit einer ganzen Apotheke.“, sagte Schwenninger (seines Zeichens Leibarzt von Otto von Bismarck). Dieser Satz hat auch heute noch Bestand.

Kälte darf immer nur auf Wärme gesetzt werden. Aus diesem Grund müssen alle Körperteile, besonders auch die Füße, vor Anwendung eines kalten Wickels warm sein! Man legt den Wickel frischkalt an, um an der betreffenden Stelle Hitze und beste Durchblutung zu erzeugen! Jede richtige Kälteanwendung ist aktive Wärmetherapie! Je kälter das Wasser, desto prompter die erwünschte Reaktion! Bei schlechter Reaktion, wenn nicht alsbald eine Durchwärmung der behandelten Partie eintritt, wird auf den Wickel eine heiße Wärmflasche aufgelegt.

Der Wickel besteht aus zwei Teilen: einem dünnen, gut aufsaugenden Tuch, etwa einem alten, ausgewaschenen Handtuch oder Leinentuch, das mit kaltem Wasser durchtränkt und völlig ausgewrungen wurde, und einem dicken Woll- oder Frotteetuch. Schafwolle ist besonders geeignet. Keine die Hautatmung verhindernde Stoffe wie Nylon oder Billroth-Batist verwenden.

Die Wickel werden am besten alle ein bis zwei bis drei Stunden erneuert, was ihre Wirkung vervielfacht. Schläft der Patient ein, dann muß mit der Erneuerung bis zum Erwachen gewartet werden. Am Abend werden Wickel über die ganze Nacht angelegt. Jeden Wickel, der lästig und unangenehm wird, gleich abnehmen. In diesem Falle wurde er fast immer fehlerhaft angelegt. Nach dem Abnehmen des Wickels wird die behandelte Körperpartie kurz kalt-feucht abgerieben. Die benützten Tücher müssen erst gewaschen und getrocknet werden, bevor sie wieder Verwendung finden.

a) Der Leibwickel nach Prießnitz

Ein kaltes, ausgewrungenes Handtuch wird so um den Leib herumgelegt, daß sich die Enden vorne am Bauch großflächig überlappen. Dieses Innentuch wie das darüber geschlagene Woll- oder Frotteetuch müssen faltenlos und straff anliegen; letzteres muß oben und unten fünf bis zehn Zentimeter über das feuchte Tuch überstehen, damit ein sicherer Luftabschluß gegenüber der Feuchtigkeit gewährleistet ist. Am äußeren Tuch können Bänder angenäht sein. Sie ermöglichen einen gut abdichtenden Verschluß, doch kann der Wickel notfalls auch mit einigen Sicherheitsnadeln fixiert werden. Auf alle Fälle muß er so stabil sein, daß er nicht einmal bei Besuch der Toilette verrutscht oder Luft an das feuchte Tuch herankommt.

Der kalte Leibwickel wirkt fiebersenkend und tonisierend auf die Blutgefäße, so daß die im Bauchraum abgesackten Säftemassen besser entleert werden. Er fördert den Schlaf, kräftigt die Nerven und regt die erschlafften Verdauungsorgane zu besserer Leistung an. Er hat sich auch bei Verstopfung, Blähsucht, Leber-Gallenschaden, Magen-Darmleiden usw. bewährt.

b) Brust, Hals-, Gelenk- und andere Wickel

Sie werden grundsätzlich in gleicher Form wie oben angelegt. Handelt es sich beispielsweise um ein schmerzhaftes Gelenk, so wird das ausgewundene kaltfeuchte Tuch faltenlos herumgeschlungen und mit einem Schafwolltuch gut abgedeckt und verbunden. Bei Kreuzschmerzen legt man das (sorgsam ausgewundene) kalt-nasse Handtuch über das Kreuz; darüber wird eine breite Bedeckung aus Wolle gewickelt, die wie der Leibwickel fixiert oder mit breiten Bändern festgehalten wird.

c) Wadenwickel

Sie werden am einfachsten in Form der bekannten Essigstrümpfe angewendet. Hierzu taucht man baumwollene oder seidene Strümpfe, die bis zu den Knien reichen, in frischkaltes Wasser ein, dem zum stärkeren Anreiz der Haut ein Schuß Weinessig zugefügt wurde. Die Strümpfe werden dann ausgewunden und auf die warmen Beine angezogen. Über die Füße zieht man dann trockene, dicke Wollstrümpfe.

d) Lehm-, Heilerde-, Quarkwickel

Lehm oder Heilerde wird mit kaltem Wasser zu einem dicken Brei angerührt, den man messerrücken- bis fingerdick auf ein feuchtes Tuch aufstreicht. Passierter feuchter Quark (Topfen) hat bereits die erforderliche Konsistenz, zu trockener wird mit etwas kalter Milch verdünnt. Das bestrichene Tuch wird bei Halsschmerzen, Schluckbeschwerden, Heiserkeit, Angina, aber auch bei Schilddrüsenüberfunktion oder Kropf um den Hals gelegt, auf schlecht heilende Wunden, auf schmerzhafte

Krampfadern, auf ein Krampfadergeschwür, über einen schmerzhaften Magen oder ein Zwölffingerdarmgeschwür, auf eine Gürtelrose, Wundrose oder sonst eine schmerzende oder geschwollene Stelle. Die Dauer ist variabel, von zwei Stunden bis zur ganzen Nacht. Auf Lehmwickel-Behandlung spricht die Schilddrüse (Überfunktion, Vergrößerung, Entzündung) besonders gut an. Dazu müssen die Wickel alltäglich über Nacht durch etliche Wochen aufgelegt werden.

Beispiele aus der Praxis:
Folgende Beispiele machen deutlich, was Blut- und Säfte-Reinigung auch bei akuten oder chronischen Erkrankungen zu leisten vermag. Diese Liste ließe sich beliebig verlängern.

Im praktischen Alltag treten die nachfolgend geschilderten, dramatischen Fälle (man vergleiche auch den geschilderten Diphtheriefall auf S. 15) wegen ihrer größeren Seltenheit in den Hintergrund. Im Vordergrund stehen die sogenannten banalen Infekte der Kinder und Erwachsenen. Setzt die säftereinigende Behandlung sogleich nach Wahrnehmung der allerersten Krankheitssymptome ein und wird sie von Anfang an energisch genug durchgeführt, dann sind die verbreiteten Erkältungskrankheiten, die alltäglichen Virusinfektionen, Grippalinfekte usw. in der Mehrzahl der Fälle schon nach ein bis drei Tagen ausgestanden. Die häufig nachfolgende Erschöpfungsphase, die oft eine Folge der ausschließlich medikamentösen Grippebehandlungen ist, ebenso die bei Kindern und älteren Menschen sich oft anschließende erhöhte Anfälligkeit für Erkrankungen und Komplikationen tritt nach ausreichender säftereinigender Behandlung nicht, oder zumindest nur vermindert, auf.

Fall 20 Kinder-Infektionskrankheiten

Drei Geschwister von acht, sechs und vier Jahren waren in der kühlen Jahreszeit fast ständig krank. Grippe, Mittelohrentzündung, Mandelentzündung, Bronchitis, Lungenentzündung und die üblichen Kinderinfektionskrankheiten lösten einander wiederholt ab, so daß der Kinderarzt ständiger Gast im Hause war. Zahlreiche Medikamente, nicht selten in hoher Dosierung, wurden genommen. Die Anfälligkeit der Kinder vergrößerte sich von Jahr zu Jahr, die Krankheitsdauer nahm zu. Eines Tages erkrankten wieder zwei der Kinder mit hohem Fieber und Symptomen einer Virusinfektion. Diesmal wurden sie jedoch säftereinigend behandelt:

Die Patienten durften (!) sogleich fasten, „trotz" ihres schlechten Ernährungszustandes. Sie erhielten Kräutertee mit Zitronensaft und etwas Honig, sowie

1. Einlaufserie (fünf kleine Einläufe, über den Tag verteilt)
2. Rumpfreibebäder (dreimal täglich je zehn Minuten bei 23 Grad Celsius)
3. über Nacht Essigstrümpfe
4. keine Medikamente.

Am selben Abend war das Fieber von 40 Grad auf 38 und 37,5 Grad gesunken. Am nächsten Morgen hatten beide Kinder wieder um 39 Grad Fieber. Die Wiederholung von Einlaufserien und Reibebädern wirkte so gut, daß die Kinder am gleichen Tag keinen kranken Eindruck mehr machten. Nach jedem Reibebad waren sie eine Zeitlang fieberfrei. Die Abendtemperatur war noch mäßig erhöht. Ab dritten Tag blieb das Fieber endgültig aus. Mit Ausnahme eines Hustens, der nach etlichen Tagen abklang, waren die Kinder völlig beschwerdefrei. Die Nachbehandlung bestand aus einem Einlauf, zwei Reibebädern und zwei Wechselduschen täglich. Inzwischen hatte sich auch ein gesunder Appetit eingestellt, was später zu Gewichtszunahme führte. Das in der Zwischenzeit erkrankte dritte Kind war durch dieselbe Therapie bereits nach einem Tag fieberfrei und am dritten Tag nicht mehr im Bett zu halten, während die Kinder bei der früheren Behandlungsweise mindestens acht bis zehn Tage Bettruhe benötigt hatten.

Danach wurden die Kinder ausschließlich nach obiger Art behandelt und konnten jedesmal in ein bis zwei Tagen wiederhergestellt werden. Die Erkrankungen traten viel seltener auf, wozu auch abhärtende Maßnahmen, Turnen, Schwimmen und Ausnutzung von Licht, Luft und Sonne beitrugen. Die vorher verwendeten Medikamente, aber auch der bisherige Süßigkeitskonsum der Kinder, fielen weg. Die früher geplanten Impfserien und Mandeloperationen wurden nicht ausgeführt.

Fall 21
Lungenentzündung bei Kleinkind

Das zweijährige Kind einer Bergbäuerin erkrankte an Lungenentzündung. Der Landarzt, ein erfahrener Praktiker, der von weither geholt worden war, verfügte die sofortige Einweisung in das Krankenhaus der Stadt. Die Bäuerin, die noch drei kleine Kinder zu Hause hatte, die sie wegen Abwesenheit ihres Mannes nicht verlassen konnte, bat den Verfasser, der sich in der Gegend auf Urlaub befand, um Hilfe. Das hochfiebernde, blaurot verfärbte Kind erhielt sofort mittels Ballonspritze zwei kühle Einläufe hintereinander, auf welche sich reichlich übelriechender Kot entleerte. Sogleich erschien der bedrohlich aussehende Zustand auffallend gebessert. Sodann wurde kühles Wasser in einen Bottich geschüttet und an dem kleinen Patienten ein Rumpfreibebad vorgenommen, das Abfieberung bewirkte. Danach erhielt das Kind einen Rumpfwickel. Nach bloß 20 Minuten, innerhalb welcher sich sämtliche Ereignisse abspielten, war der Erfolg überzeugend. Als weitere Maßnahmen wurden Einläufe verordnet, alle drei Stunden bis abends fortgesetzt, weiter Rumpfreibebäder und Wickel. Am nächsten Tag kam die Bäuerin entsetzt, da das abends schon fieberfrei gewesene Kind wieder hohes Fieber hatte. Die Behandlung wurde unverändert fortgesetzt, am Abend des dritten Tages war das Kind endgültig abgefiebert und blieb seither beschwerdefrei.

Fall 22
Folgen einer Impfung

Eine 17jährige Gymnasiastin bekam im Anschluß an eine Schluckimpfung gegen Kinderlähmung hohes Fieber, Nackensteife, Kopfschmerzen, Lähmungserscheinungen mit Reflexlosigkeit an den Beinen. Die Patientin wurde sofort in die Infektionsabteilung des nächsten Spitals überstellt. Nach zwei Wochen war sie wohl fieberfrei und ohne Lähmungszeichen, lag aber derart apathisch und geschwächt darnieder, daß sie sich kaum bewegte. Die Erkrankung wurde als schwere Form einer

Kopfgrippe bezeichnet. Als keine Ansteckungsgefahr mehr befürchtet wurde und die Eltern trotz aller Krankenhausbehandlung keinen befriedigenden Fortschritt feststellten, setzten sie die Entlassung ihres Kindes durch. Daheim durfte das Mädchen sofort fasten, was es mit den Worten „ich kann kein Essen mehr sehen, mir wird darauf nur übel" dankbar begrüßte. Weiter bekam es durch vier Tage Einlaufserien, Bittersalz, eine Serienwaschung und in der Nackengegend ein Canthariden-Pflaster [1], das eine große Blase zog, aus der sich reichlich gelbe Flüssigkeit entleerte, worauf die restliche Nackenstarre völlig verschwand. Nach fünf Tagen bewegte sich das Mädchen normal, bekam wieder Appetit und konnte, entsprechend nachbehandelt, wenige Tage später die Schule besuchen.

Fall 23
Virusinfektion

Industrieller, 50, wegen schlechter Erfahrung am eigenen Leib entschiedener Gegner jeder medikamentösen Therapie, erkrankte am Vortag einer für ihn entscheidenden Konferenz an einer Virusinfektion. Rasende Kopfschmerzen, hämmernde Schläfen, Augendruck, Benommenheit, Übelkeit, Brechreiz und Fieber machten ihn unfähig, einen klaren Gedanken zu fassen.

Therapie am 1. Tag: Teefasten, Einlaufserie (fünfmal je ein Liter), ein ansteigendes Halbbad und zwei Rumpfreibebäder. Am 2. Tag: zwei Einläufe, Bittersalz, Rumpfreibebad.

Mit nichts als etwas heißer Schleimsuppe im Magen und „knurrenden Gedärmen", sonst aber fieberfrei und mit klarem Kopf, gelangte er zur Konferenz, die er erfolgreich durchstehen konnte. Die Krankheit war behoben. Allerdings mußte er sich auf ärztliches Gebot noch zwei Tage schonen und nachbehandeln.

Fall 24
Vereiterte Rachenmandeln

Verkäuferin, 25, mit mächtig geschwollenen, vereiterten Mandeln und Drüsenschwellungen am Halse, 39 Grad Fieber.

---

[1] Siehe Kapitel: Neuraltherapie nach Huneke u. andere Ergänzungstherapien S. 113.

Therapie: Teefasten, Bettruhe, Bittersalz, Einlaufserie durch zwei Tage, Reibesitzbäder bei 14 Grad Celsius, häufige kalte Halswickel. Patientin war nach eineinhalb Tagen fieberfrei, zeigte an den Mandeln nur noch kleine Eiterstippchen, fühlte sich schon sehr wohl. Nach weiteren drei Tagen, bei aufgelockerter, sinngemäßer Therapie, geheilt.

Fall 25
Lungenentzündung

88jähriger Naturarzt war wegen schwerer beidseitiger Lungenentzündung bei Emphysem und eitriger Bronchitis schon von mehreren Ärzten untersucht worden, die alle, Schlimmstes befürchtend, auf sofortige Überführung in ein Krankenhaus drängten. Der Patient weigerte sich jedoch hartnäckig und ließ beim Verfasser anfragen, ob er ihn noch zu behandeln wage. Tatsächlich war der Zustand sehr ernst und die Kreislaufsituation schlecht, doch waren der Wille des Mannes und die Hilfsbereitschaft seiner Frau so groß, daß sofort mit der Kur begonnen wurde: Teilfasten (wegen des hohen Alters), unterbrochen von Dursttagen (zur Entwässerung), salinische Wässer, Einläufe, Rumpfreibebäder, Wickel, Massagen und homöopathische Zusatzbehandlung verbesserten schließlich innerhalb von fünf Wochen den Zustand dermaßen, daß der Arzt seinen Ordinationsbetrieb wieder aufnahm (!) und keine weiteren Therapien mehr benötigte.

Fall 26
Grippalinfekt

Eine 40jährige Beamtin bekam mittags plötzlich Kopfschmerzen und Schüttelfrost, 38,5 Grad Fieber. Diagnose: beginnender Grippalinfekt.

Therapie: Teefasten, Bittersalz, Einlaufserie, Reibesitzbäder bei 14 Grad und Vitamin C fünf Gramm täglich. Am selben Abend betrug die Temperatur 37,5 Grad. Die Patientin fühlte sich bereits wesentlich wohler. Am nächsten Tag war sie fieber- und beschwerdefrei, mußte aber die Therapie noch einen weiteren Tag unverändert fortsetzen, um einen Rückfall zu verhindern.

Normaler Heilverlauf bei rechtzeitigem Behandlungsbeginn.

Fall 27
Bronchitis

Ein fünfjähriges Mädchen war schon oft an Bronchitis erkrankt. Trotz aller medikamentöser Therapie hatte sich diese

Erkrankung stets durch Wochen oder Monate hinausgezogen. Dieses Mal erhielt das Kind jedoch nichts als säftereinigende Behandlung. Dabei wurde es am zweiten Tag endgültig fieberfrei, wobei es zu dem sonst üblichen quälenden Husten überhaupt nicht gekommen war. In den darauffolgenden Jahren bekam das Mädchen keine nennenswerte Erkrankung mehr. Jeder Infekt wurde stets in gleicher Weise nach maximal drei Tagen ausgeleitet, ohne je ungünstige Nachwirkungen zurückzulassen.

Fall 28
Masern

Ein zarter zweijähriger Knabe erkrankte an Masern; 40 Grad Fieber. Durch Einlaufserie und Rumpfreibebäder kam er am selben Tag auf 36,9 Grad; am zweiten Tag stieg das Fieber noch einmal auf 39 Grad, um dann endgültig zu verschwinden. Der Kleine erhielt regelmäßig über Nacht einen kalten Rumpfwickel, war ab dem dritten Tag wohlauf und entfaltete bald großen Appetit. Aus Sicherheitsgründen hütete er noch einige Tage das Bett. Durchschnittlicher Heilverlauf bei richtiger säftereinigender Behandlung.

Fall 29
Grippalinfekt

Rechtsanwalt, 48, verlor alljährlich durch Erkältungskrankheiten, die eine Kettenreaktion von nachfolgenden Komplikationen auszulösen pflegten, zahlreiche Wochen wichtigster Arbeitszeit. Nebenhöhlenprozesse, Kreislaufstörungen, Aufflackern eines latenten Leberschadens und Unverträglichkeitsreaktionen auf Medikamente traten fast regelmäßig auf. Eine neuerliche Grippe wurde säftereinigend behandelt: Teefasten, Einlaufserie, Rumpfreibebäder, Wechselduschen, Vitamin C, wozu noch eine spezielle Zusatztherapie angewendet wurde. Der Patient war nach fünf Tagen wieder voll arbeitsfähig, mußte sich aber später einer Darmreinigungskur nach F. X. Mayr unterziehen, um grundlegende Gesundung zu erzielen. Seither erkrankt er nur mehr selten und kurz.

Wie gesagt, schließt die Säftereinigung die Anwendung anderer Therapien, wie z. B. medikamentöse Behandlung, keineswegs aus. Im Gegenteil, in jedem einzelnen Falle ist es Sache des Arztes, zu entscheiden, ob und welche Zusatztherapien erforderlich sind. Oft genug, besonders bei älteren Menschen, bedarf der Kreislauf, das Herz oder der Abwehrkampf des Körpers zusätzlicher Unterstützung, die ihm nicht vorenthalten werden soll. Die Säfteentgiftung steigert die Wirksamkeit der Zusatztherapien und mindert etwaige Nebenwirkungen.

Bei akuten Erkrankungen des Verdauungsapparates, wie Durchfallerkrankungen, Magenentzündungen, „verdorbenem Magen", Gallenblasenentzündung, Darmgrippe wird grundsätzlich die gleiche Behandlung angewandt, nur tritt hier anstelle aller kalten Anwendungen stets der warmheiße Dunst-Thermophor auf dem Bauch. Nach F. X. Mayr steht Teefasten und später Schonkost, weiter Darmberieselung, Bettruhe und Wärme im Vordergrund. Als Tee ist besonders dünn gebrühter Kamillentee, ohne weitere Zutaten, zu empfehlen. Weitere Einzelheiten lassen sich der einschlägigen Literatur entnehmen, insbesondere aus der *Naturheilbehandlung* [29, 30].

Die Beschreibung der blut- und säftereinigenden Heilverfahren dient der grundlegenden Aufklärung über die gesamte Methode. Der Arzt kann im Rahmen einer Ordination oder Visite schwerlich die geschilderten Techniken genau besprechen und richtiges Verständnis für so ungewöhnliche Maßnahmen wie die Einlaufserie erwecken. Verständnis der Methode und Kenntnis der Durchführung sind aber Voraussetzung für ihre Anwendung und ihren Erfolg. Wie weitläufig sich dann die richtig angewendete Säftereinigung auswirken kann, das belegt die Aussage einer 13jährigen Gymnasiastin:

„Wie schön war es früher, als wir so oft und so lang krank sein durften. Wir konnten uns tagelang ausschlafen, lesen und Schallplatten spielen lassen. Seit es bei uns immer gleich Einläufe und Reibebäder gibt, können wir nie mehr richtig krank sein und versäumen höchstens einen Tag im ganzen Schuljahr!"

Die seelische Einstellung zur Behandlung

Die seelische Einstellung zu einer Behandlung kann über Erfolg oder Mißerfolg entscheiden. Gerade in dieser Hinsicht machen zahlreiche chronisch Kranke viele Fehler. Jede hoffnungslose Einstellung, jeder Gedanke voll Zweifel, Mißtrauen oder Angst, jede Befürchtung von Unheilbarkeit oder Komplikation, kurz jede Art von Schwarzseherei, lähmt die Heilvorgänge im Organismus; es stört die in jedem Menschen vorhandene Heilorganisation, die Paracelsus als den „inneren Arzt" bezeichnet hat.

Wir können diesen „inneren Arzt" mit den Matrosen eines Schiffes und die seelische Einstellung eines Menschen mit dem Kapitän vergleichen. Behält in Seenot der Kapitän Ruhe und Zuversicht und vertraut er unerschütterlich darauf, heil durch den Sturm zu gelangen, dann werden die Matrosen bis zuletzt mit größtem Einsatz und besten Kräften ihre Aufgaben erfüllen. Befällt den Kapitän jedoch Zweifel und Angst, dann überträgt sich dies auf die Matrosen: Unordnung, Verwirrung und Panik brechen aus, die Katastrophe nimmt ihren Lauf.

In allen Belangen des Lebens kommt der inneren Einstellung eine Schlüsselrolle zu. Dazu ein kurzes Beispiel: Während einer Hochwasserkatastrophe versuchten drei Männer, sich über einen schadhaften Notsteg, der über einen reißenden Wildbach führt, zu retten. Zwei von ihnen glaubten fest daran, noch hinüber zu gelangen. Alle Befürchtungen kämpften sie in sich nieder und zwangen sich, fest an den Erfolg zu glauben. Der Dritte jedoch sah nur Gefahr und Schrecken, er gab der Angst in sich breiten Raum und zweifelte daran, das rettende Ufer zu erreichen. Obwohl er am vorsichtigsten vorging, stürzte er ins Wasser – und ertrank. Die anderen beiden konnten sich retten: Die Kraft des Vertrauens, ihr Glaube an den Erfolg hatte ihnen geholfen!

Wenn negative Vorstellungen des Patienten die ärztlichen Bemühungen durchkreuzen, können die besten Therapien versagen

Für den chronisch Kranken gilt das gleiche: Auch die beste Blut- und Säftereinigung allein kann niemanden gesund machen. Immer entscheidet die seelische Einstellung des Kranken mit. Diese seelische Einstellung schwankt aber bei vielen Kranken hin und her, oft von einem Extrem in das andere. Häufig genügt eine kleine subjektive Verschlechterung, oft nur eine unangenehme Heilreaktion, daß Verzweiflung den Kranken befällt. Damit versetzt er seine „Matrosen unter Deck" in Panik und lähmt den „inneren Arzt" in seinem Aufbauwerk.

Es kommt auf die innere Einstellung an! Auf die Selbstbeeinflussungen oder Autosuggestionen, die sich jeder Mensch alltäglich, ja sogar stündlich bis minütlich macht. Sie sind so wichtig, da sie insgeheim die gesamten Heilungsvorgänge beeinflussen. Schließlich gibt es auch auf seelischer Ebene ähnlich wie im Körper oft viel Schädliches, „Fauliges" und „Vergiftetes", also Hinunterziehendes, Krankhaftes und Bedrückendes, das gerade im Verlauf der Krankheit Oberhand gewinnen will. Reinigung von diesen seelischen Vergiftungen und „Klärung" des innerlich Getrübten, Ungesunden gehört zu jedem echten Heilungsvorgang!

Das Prinzip der fortlaufenden inneren Reinigung, das wir auf der körperlichen Ebene kennengelernt haben, findet also auf der seelischen Ebene seine Entsprechung.

Die Seele kann ein Meer sein,
Aber auch – ein Tümpel,
Verjaucht, und angefüllt
Mit irdischem Gerümpel …
Ist sie ein Meer,
So hält sie, gleich den Meeren,
Sich selber immerfort bewegt und rein.
Ist sie ein See,
So wird in gleicher Weise
Sie selbst sich Klärung

Durch lebendige Bewegung sein.
Und auch als Teich kann sie sich selber klären.
Mag das nach Stürmen
Auch recht lange währen.
Ist sie jedoch ein Tümpel,
Gibt sie allem Abfall Raum,
Verwest als trüber Pfuhl
Und fühlt es kaum.
Bô Yin Râ – Schneiderfranken [31]

Der „Verwesung als trüber Pfuhl" gilt es vorzubeugen! Körperlich und seelisch! Auf der seelischen Ebene braucht man dazu eine „Klärung durch lebendige Bewegung", das heißt eine Selbstreinigung von pessimistischen Selbstbeeinflussungen, und eine Neuorientierung auf zuversichtliche lebensbejahende Gedanken.

Gedanken sind dynamische Kräfte. Sie können hinunterziehen, deprimieren und zerstören, aber ebenso aufrichten, kräftigen und heilen

Wer sich lebhaft vorstellt (= suggeriert), etwas Köstliches zu essen, der hat schon bald den Mund voll Wasser, weil das Nervensystem freudig alle zu verwirklichenden Selbstbeeinflussungen befolgt.

Wer sich abends suggeriert, morgens zu einer ungewöhnlich frühen Zeit zu erwachen, der gewinnt, wenn er daraufhin pünktlich munter wurde, bereits eine Vorstellung, welche Kraft Selbstbeeinflussungen besitzen.

Wer jede Nacht mit dem zuversichtlichen Gedanken einschläft, es werde ihm eine schwierige Aufgabe enorm leicht fallen und sehr gut gelingen, der wird schon bald am Ergebnis merken, wie gehorsam die Kräfte seines Unterbewußtseins seiner Eingebung Folge leisten.

Da wir unsere Selbstbeeinflussungen – wenn wir darauf Wert legen – lenken lernen können, sind wir auch in der Lage, durch bewußte Autosuggestionen jeden Gesundungsprozeß wesentlich zu unterstützen und voranzutreiben. Jede zuversichtliche Einstellung, jedes aufbauende Wort hilft mit. Auch zureden hilft. Man kann sich sogar selbst gut zureden, selbst Mut machen und Zuversicht vermitteln. Der französische Apotheker Emil Coué und seine Schüler haben allein mit der darauf aufbauenden Methode der bewußten Autosuggestion Millionen Menschen entscheidend geholfen und staunenswerte Heilungen zustande gebracht [32].

Ohne Zweifel sollten Menschen, die leicht den Glauben an sich selbst aufgeben, denen es oft an Zuversicht mangelt, die rasch den Mut verlieren, sich so bald als möglich mit der Coué-Methode auseinanderzusetzen. Die in den Schriften über Autosuggestion dargestellten Wechselwirkungen zwischen Körper und Seele kennen heute noch die wenigsten, obwohl viele sie dringend bräuchten. Sie könnten sich in Zukunft zahlreiche unbewußt gemachte Fehler ersparen: sie könnten durch gezielten inneren Aufbau Selbstvertrauen und Zuversicht gewinnen; und sie könnten sich helfen, in allen Lebenslagen von innen her das gute Gelingen zu fördern. Dies gilt für alle Lebensbereiche [32, 33].

Ein Lebensmüder fragte: „Wie kann ich etwas anderes als lebensmüde sein, wenn das Leben so ein furchtbarer Kreislauf ist und so entsetzlich grausam?“ Darauf war zu erwidern: „Wie kann dein Leben anders sein als es ist, solange du deine schwarzseherische Einstellung nicht aufgibst? Deine traurigen Verhältnisse sind ja nur das Spiegelbild deiner inneren Disharmonie!“

Ein vom Unglück Verfolgter fragte: „Wie kann ich anders als unglücklich sein, wenn alles, was ich anpacke, mißlingt; wenn alle Pläne zunichte werden und mich da Unglück verfolgt?“ Dem war zu antworten: „Wie kannst du dich über dein Mißgeschick wundern, wenn du es immer schon von vorneherein erwartest? Wenn du an dein Versagen glaubst und es so selbst mit aller Macht magnetisch anziehst?!“

Ein seit mehreren Jahren Kranker fragte: „Wie kann ich anders als hoffnungslos sein, wenn bisher alle Therapien versagt haben und mir kein Arzt helfen konnte?“ Dem war zu antworten: „Wie kannst du vom Arzt eine Hilfe erwarten, wenn du schon nach kurzer Behandlungszeit ungeduldig wirst, am Erfolg zweifelst und dich darauf einstellst, daß dir ohnehin niemand helfen kann?! In Wirklichkeit mußt du dir zuerst selbst helfen, denn ohne deine innere Mitarbeit an der Gesundung kann dir niemand helfen!"

Die Zahl der Menschen, die sich durch verkehrte innere Einstellung und durch felsenfestes Glauben an Mißlingen selbst Tag für Tag Schaden zufügen, wächst ständig. Sie benötigen die Auseinandersetzung mit den von Coué entdeckten Lebensgesetzen der Autosuggestion und sie sollen wissen:

Selbstvertrauen und Glaube an gutes Gelingen lassen sich üben! Mit Pessimismus und öder Hoffnungslosigkeit macht man alles – auch in der Heilkunde – nur schlechter!

Gesunder Optimismus und frohe Zuversicht wirken hingegen aufbauend, stärkend und fördernd. Ohne sie gibt es keine echte Gesundung! Sie sind die Zugtiere, die hinter sich das gute Gelingen nachziehen.

Bô Yin Râ – Schneiderfranken sagte daher:
„Du selber bist der Magnet für Dein Wohl und Wehe!".

Und Emerson erklärte:
„Nur der gewinnt, der an den Sieg glaubt!"

Anhang: Wie man den Säftezustand erkennt

Die humoraldiagnostischen Zeichen

Für die Blut-Säftebehandlung ist es nicht erforderlich, daß man sich selbst ein Bild über seinen Säftezustand verschaffen kann. Es ist aber eine Hilfe, denn nichts steigert so sehr die Bemühungen um die eigene Gesundung als die Möglichkeit, sich mit eigenen Augen vom Erfolg einer Behandlung überzeugen zu können. Wer an sich sieht, wie sein hochroter Kopf abblaßt, seine Zunge sich reinigt, seine bläulichen Fingernägel rosig werden, der arbeitet mit doppelter Kraft mit. Aber auch außerhalb einer Kur hat die Kenntnis von Säftekriterien ihren Wert:

So kann man grundlegende Verbesserung oder Verschlechterung seines Zustandes erkennen; kann sich und anderen zu guten Vorsätzen einer gesünderen Lebensweise verhelfen; kann warnen und eher entdecken, wann wieder eine Reinigungskur fällig wird.

Zur richtigen Wertung der Säftekriterien muß aber betont werden: Der Mensch auf diesem Planeten lebt zweifelsfrei nicht im Paradies. Daher ist nichts auf Erden, auch nicht die Gesundheit des Menschen paradiesisch oder vollkommen. Es darf daher nicht verwundern, wenn der Leser beim Studium der Schädigungszeichen das eine oder andere an sich selbst entdeckt. Das würde aber nur dem Durchschnittszustand des modernen Menschen entsprechen, weshalb auch kein Anlaß besteht, dadurch zum Hypochonder, zum eingebildeten Kranken zu werden. Gehäuftes oder besonders auffallendes Auftreten von Schädigungszeichen sollte hingegen doch als Hinweis für eine bald benötigte Reinigungskur aufgefaßt werden.

Färbungen der Haut

Normalfarbe

Wir haben im Gesicht einen Spiegel, der die Reinheit des Blutes und die Güte der Funktion des Verdauungsapparates wiedergibt.

F. X. Mayr

Die gesunde Hautfarbe der europäischen abendländischen Rassen umfaßt je nach Stärke und Farbstoffgehalt zahlreiche Schattierungen von hellstem Rosa über verschiedene helle Mischtönungen bis zum kräftigen Hellbraun. Da aber die Gefäßpolster und Saftlücken jeder gesunden Haut reichlich mit hellrotem (sauerstoffreichem) Blut und mit klarer Lymphe durchsaftet sind, kommt trotz der Verschiedenheiten der europäischen Hautfarben beim Gesunden stets auch eine durchschimmernde charakteristische Rosafarbtönung zustande, die je nach Rasse etwas anders aussieht.

Außerdem soll die gesunde Haut samtartig, zart, glatt, glänzend, stets wie frisch gewaschen aussehen (s. Abb. 10, S. 177 [34]). Ein Vergleich der Abbildungen 10–17 (ab S. 177) deutet die Farbskala verschiedener Hauttönungen an, die durch Änderung des Säftezustandes verursacht werden. Dabei sind jedoch alle extremen Farbtönungen nicht berücksichtigt, die man bei bettlägerigen Patienten häufig im Krankenhaus antrifft. Sie brauchen nicht beschrieben zu werden, da sowohl der leichenblasse Blutarme wie der kanarienfarbige Gelbsüchtige oder der ausgezehrte, verfallene, graustichige Krebskranke von jedem Laien als Schwerkranke erkannt werden. Zur Vorbeugung ist es wichtig, schon die leichteren, alltäglichen Abweichungen von der gesunden Norm kennenzulernen.

Blaßweißliche Verfärbung

Blässe wird verursacht:

a) toxisch:

Giftige Stoffe im Blut erzeugen eine Verengung der Haargefäße (toxischer Kapillarspasmus). Die Gifte können von außen kommen, wie Suchtmittel, Drogen, Nikotin, Alkohol u. a., oder von inneren Giftherden, von Eiterherden oder einem kranken Darm. In letzterem Fall schwankt der Giftgehalt des Blutes je nach Darmzustand, Nahrungsaufnahme, Schlackenausscheidung, Bewegung oder Ruhe, Frisch- oder Zimmerluft usw. Daher verändern solche Menschen mehrmals am Tage ihr Aussehen: einmal sehen sie blaß-weißlich und bald wieder, besonders abends, rosig-gesund aus. Die Blässe tritt morgens nach dem Aufstehen deutlich hervor, bedingt durch nächtliche Selbstvergiftung vom Darm; oft entsteht sie auch am späten Vormittag, wenn mit Aufsaugung der Nährstoffe des Frühstückes aus dem Darm gleichzeitig Darmgifte in das Blut gelangen; oder sie entsteht, wenn nach dem Mittagessen oder einer anderen, zu kräftigen Mahlzeit große Blutmengen in den Bauchraum absacken. Diese Menschen frieren auch leicht, ihre Finger und Zehen werden rasch leichenblaß und sehen wie abgestorben aus (siehe Abb. 11, S. 177).

b) andere Ursachen:

Durch Blutarmut, Leukämie, Krebs u. a. auszehrende Krankheiten kann deutliche Blässe verursacht werden. Bei der Entstehung dieser Leiden spielt schlechte Säftebeschaffenheit immer eine maßgebliche Rolle.

Graufahlschmutzige Verfärbung

Das charakteristische grau verfärbte Gesicht, wie auf Abb. 12, S. 178, verrät schon auf den ersten Blick einen durch Vergiftung herbeigeführten schlechten Säftezustand. Schwerer fällt es hingegen dem Ungeübten, einen nur angedeuteten grauen Stich in der Hautfarbe, besonders bei Sonnenbräunung zu erkennen. Man betrachte aber nur die Schläfengegend, wo sich meist deutlich schmutziges Grau, völlig verschieden von der gesunden Rosatönung feststellen läßt. Ursachen der Graufärbung können sein:

a) toxisch:
Hier besteht zumeist eine höhergradige Überflutung der Säfte mit Giftstoffen aus dem Darm (Koprämie), die eine intensive Selbstvergiftung verursachen. Solche Menschen leiden meist seit Jahren an Stuhlverstopfung und treiben Mißbrauch mit Abführmitteln. Ihre Beschwerdenskala ist vielfältig: Kopfdruck, Benommenheit, Mißmut, Depressionen, Herz-, Gelenk-, Kreuz-, Bauch-, Nervenbeschwerden, Augenbrennen u. a. m. Diese Beschwerden werden durch Darmreinigungskuren behoben, was die beschriebenen Zusammenhänge beweisen. Auch der Graustich der Haut weicht dadurch allmählich dem gesunden Rosa. Seltener kommt die Grauverfärbung bei Menschen vor, die sich nach ihrer Meinung einer „geregelten Verdauung" erfreuen, was aber doch nicht stimmt. Sie entleeren zwar Stuhl, aber ungenügend, mit der Folge, daß die zurückbleibenden Kotreste die Säfte chronisch vergiften. Starke Fleischesser mit Verstopfung zeigen als Auswirkung chronischer Eiweißfäulnisprozesse im Darm häufig eine charakteristische blaßfahl-graue Hautverfärbung. Diese Verfärbung kann auch während Darmreinigungskuren auftreten, mitunter sogar erschreckend deutlich, wenn die Kur Darmfäulnisherde aufwirbelt und dadurch eine Rückvergiftungskrise, eine plötzliche Überflutung der Säfte mit Giften erzeugt.

Das schmutzige Aussehen der grauen Haut ist Folge einer chronisch verschlechterten Hautdurchblutung, welche die durchsichtige Epidermisschicht der Haut verhornen läßt, so daß sie undurchsichtig und durch Ablagerungen unsauber aussieht.

b) anderweitig:

Durch bösartige Prozesse, chronische Vergiftungszustände, wie bei der Silberkrankheit, sowie durch andere seltene Leiden (Addinsonsche Krankheit usw.). Bei gesunden Säften gibt es keine Grauverfärbung.

Rot-blaurote Verfärbung

Rote bis hochrote Wangen gelten allgemein als Zeichen besonders guter Gesundheit. Tatsächlich handelt es sich jedoch schon um abnorme Erweiterung der Haargefäße, die mit verlangsamter Blutzirkulation und Ansteigen des Kohlensäurespiegels einhergeht. Je überladener das Blut mit Kohlensäure ist, desto dunkler ist seine Farbe. Daher schlägt hier das normale Rosa, besonders an Stellen der Kapillarerschlaffung, in das Hochrote, Blaurote oder gar Violette hinüber (siehe Abb. 13, S. 178). Zwetschgenblaue Lippen sind ein Warnsymptom bei extremer Kohlensäureüberlastung durch schwere Lungen-, Herz-, Kreislaufschäden. Die rotblaurote Verfärbung wird verursacht:

a) toxisch:

Nach F. X. Mayr bewirken Giftstoffe, die im Blute kreisen, zunächst einen Erregungszustand der Gefäßnerven. Dieser führt zur Verengung der Haargefäße (Kapillarspasmus) und damit zur Blässe. Hält die Gifteinwirkung länger an, so tritt Lähmung der Gefäßnerven ein, abnorme Erweiterung der Haargefäße mit Zirkulationsstauung und blaurote Verfärbung. Abb. 14 zeigt nebeneinander blasse und zu rote Gesichtspartien. Hier wirken Giftstoffe auf verschiedene vorgeschädigte Gefäßnerven ein, so daß die Stirn als Folge der Nervenerregung Blässe zeigt, während Nase, Wangen und Ohren bereits durch Gefäßnervenlähmung blaurot verfärbt sind. Letztere Stellen sind wegen ihrer exponierten Lage im Gesicht vermehrt den Einflüssen der Witterung preisgegeben, so daß sie früher in eine ande-

Abb. 10: Normalfärbung: frische, gesunde Rosatönung

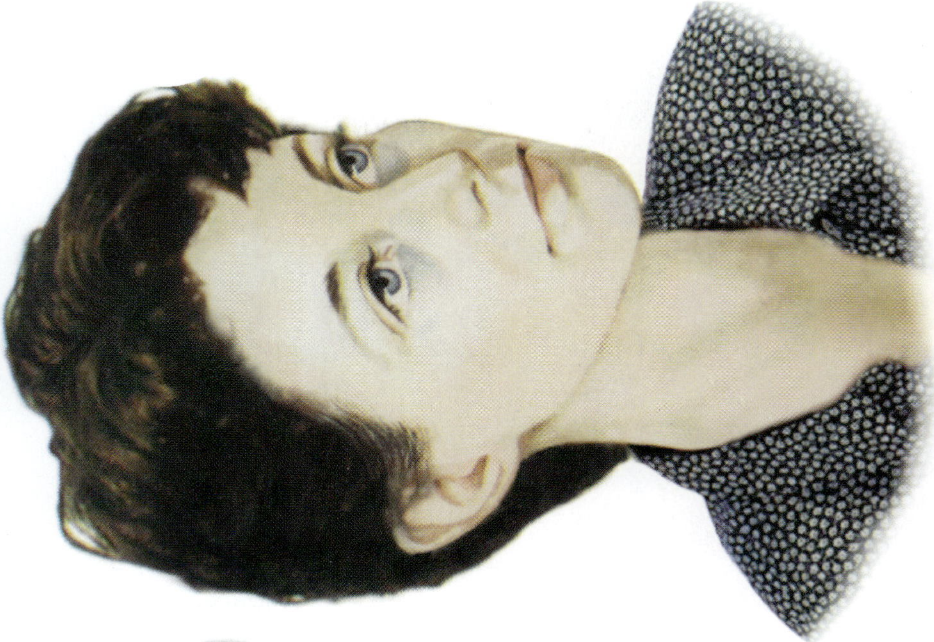

Abb. 11: Blaßweißliche Verfärbung bei Magen-Darm-Entzündung (Süßigkeiten, Kaffee, Nikotinmißbrauch)

Abb. 12: Schmutziggraue Verfärbung bei chronischem Darmschaden, Darmträgheit, Selbstvergiftung vom Darm

Abb. 13: Blaurote Verfärbung bei Kostvergärung im Darm bei üppigem Esser

Abb. 15: Gelbtönung bei Leberschaden

Abb. 14: Blässe mit BlauRötung bei Vegetarier (Rohkostvergärung im Darm)

Abb. 16: Grünliche Verfärbung bei Selbstvergiftung vom Darm; Leberschaden, chronische Übermüdung, Virusinfektion

Abb. 17: Bräunlichfleckig durch Verschlackung

re Reaktionslage geraten. Häufig sind an Nase und Wangen sogenannte Teleangiektasien festzustellen, Haargefäße, die als Folge extremer Erweiterung als kleine blaurote Äderchen mit verästeltem Verlauf in Erscheinung treten (= Lähmungszeichen der Kapillaren durch Gifte!).

Charakteristisch ist die Veränderung der Gesichtsfarbe beim Alkoholiker. Die ersten Jahre ist er meist blaß (toxischer Kapillarspasmus); dann kommen allmählich dunklere Aderzeichnungen (Teleangiektasien) hervor, die sich später vermehren und verdichten; es folgt Blaurotverfärbung von Nase, Wangen und Ohren, bis schließlich das gänzlich blaurot gedunsene Gesicht des Säufers auftritt.

Den grundsätzlich gleichen Verlauf der Gefäßschädigung zeigen alle anderen Gärungsgifte: Je mehr jemand an gärungsfreudiger Kost, wie Zucker und Süßigkeiten, Rohkost und unverdünnten Fruchtsäften genießt und je geringer seine Verdauungskraft ist, desto intensiver überfluten Gärgifte seine Säfte. Für den Organismus ist es aber gleichgültig, ob er durch Gifte aus Most, Wein und Spirituosen „für starke Männer" Schaden erleidet oder durch Gärgifte aus der Kost und aus Fruchtsäften. Nach Dr. Mayr gleicht gerade der Bauch vieler Vegetarier und Gesundheitsfanatiker sowie aller Menschen, die sich emsig bemühen, möglichst große Vitamin- und Rohkostmengen zu verzehren, einem Maischebottich. In diesem bilden sich durch Speisenvergärung fuselartige Gifte, welche in die Säfte gelangen. Diese Gesundheitsbeflissenen, oft fanatische Alkoholgegner, „betrinken" sich unbewußt täglich mit den Gärgiften aus ihrem Darm und bekommen dann dieselben blauroten Nasen und Ohren wie die Säufer (siehe Abb. 14, S. 179).

Hierher gehören noch andere Verdauungsgeschädigte: Sie besitzen angeborenermaßen meist große Vitalität und essen zuviel. Daher zersetzt sich ihre Nahrung zu wesentlichen Anteilen im Darm. Dies bewirkt, daß ihre „überfütterten" Gewebe qualitativ schlecht ernährt, ja sogar qualitativ unterernährt sind, so daß sie ständig Hunger haben. Daher können diese Menschen fast andauernd essen und trinken; sie vertilgen zunehmend respektablere Mengen (siehe Abb. 13, S. 178). Werden dann noch die auftretenden Warnsymptome des Körpers durch Gefräßigkeit und Willensschwäche dauernd übertönt, dann ist es kein Wunder, wenn eines Tages eine Katastrophe, ein Herzinfarkt oder ein Schlaganfall diesem Mißbrauch ein jähes Ende bereitet.

Es sollte heute allgemein als Irrtum erkannt werden, wenn solche tragischen Ereignisse allein mit „Gottes unerforschlichem Ratschluß" begründet werden. Im Willen eines höheren Ratschlusses dürfte es gewiß nicht liegen, daß der Mensch sich durch Mißbrauch von Speise und Trank krank macht oder vorzeitig von dieser Welt verabschiedet. In der Mayrkur findet sich die wirksamste Waffe, solchen tragischen Überraschungen rechtzeitig zu begegnen.

b) anderweitig

Auch mechanische Hindernisse, die den Rückfluß des Blutes zum Herzen beschränken und dadurch Stauungen verursachen, Kropf, Tumor, großer Gaskotbauch, schwere Herz-, Lungen-, Kreislaufschäden können Blaurotverfärbung erzeugen. Auch äußere Einflüsse, Wind, Wetter, Sonne, Frost können als zusätzliche Schädigungsfaktoren mitwirken (Wettergesicht des See- und Landmannes).

Gelblichgrünliche Verfärbung

Sie wird verursacht:

a) toxisch:

Jeder chronische Verdauungsschaden geht mit Streuung von Darmgiften in die Säfte einher. Das zwischengeschaltete Entgiftungsorgan Leber wird dadurch in Mitleidenschaft gezogen. So kann es zusätzliche Gifteinwirkungen, Infektionen, Lebensmittelvergiftung, Alkohol, Kaffee, bestimmte Medikamente, nicht mehr verkraften: die Leberschädigung ist da. In extremen Fällen sehen wir meist intensive Gelb- oder Gelbgrünfärbung. Schon ein geringfügiger Gelbstich der Haut weist auf zumindest zeitweilig erhöhten Gallenfarbstoffspiegel im Blut hin. Das bedeutet fehlerhafte Leberfunktion. Diese muß aber keineswegs durch Alkoholmißbrauch verursacht sein, wie man heute irrtümlich fast allgemein glaubt. Viel häufiger spielt die Hauptrolle die Selbstvergiftung vom Darm, wie sie bei den verschiedenen alltäglichen Formen unzureichender Verdauung, der sog. Maldigestion, vom schwachen Magen, fehlerhafter Magen-Darmsaftproduktion, Fermentschwäche, bis zur Darmträgheit vorzukommen pflegt.

Paul de Kruif schreibt: „*Sorgen Sie für Ihre Leber, und die Leber wird für Sie sorgen. Sie kann es, diese geheimnisvolle Drüse, denn sie ist die maßgebende Chemikerin Ihres Körpers. Mit ihrem Laboratorium bewirkt sie, daß Ihr Herz kräftig schlägt, daß Ihre Blutgefäße nicht durch Ablagerungen verengen, daß Ihre Verdauung gut, Ihre Muskulatur stark und Ihr Denkvermögen auf der Höhe ist.*“ [35] Auch wenn vor 3000 Jahren die alten Assyrer sich mit „*Möge sich Deine Leber glätten!*“ begrüßten, so weist dies darauf hin, welche Bedeutung schon die Alten diesem Verdauungsorgan beigemessen haben.

Abb. 15, S. 179, zeigt den charakteristischen Gelbstich beim Lebergeschädigten. Auch die Lederhaut des Auges und die Bauchdecke können auffallend gelbstichig werden. Jedoch können die laboratoriumsmäßig erhobenen Leberbefunde bei solchen Kranken noch durchaus „im Bereich der Norm“ verbleiben, womit gesagt ist, daß normale Leberbefunde keineswegs immer leichtere Leberschädigungen ausschließen.

Wirken bei Leberschäden noch zusätzliche Gifte auf die Säfte ein, Bakterien, Viren, Übermüdungsgifte oder sonstige Schadensfaktoren, die gesteigerten Zerfall der roten Blutkörperchen hervorrufen, sogenannte chloroseartige Blutarmut, dann entsteht ein eigentümlicher grünlicher Farbton. Bei magen-, darm- und leberschwachen Jugendlichen, besonders nach Erkältungskrankheiten und bei Schulüberforderung, aber auch bei Erwachsenen, ist dieser Farbton nicht selten anzutreffen. Er spricht für elenden Säftezustand (s. Abb. 16, S. 180).

b) anderweitig:
vorwiegend mechanisch, durch Stein, Narben, oder Tumorverschluß der Gallenwege.

Bräunlichfleckige Verfärbung

Bei sehr vielen Menschen treten im Laufe der Zeit, nach und nach zunehmend, braune Flecken in der Haut auf. Anfangs kaum wahrnehmbar, hellbraun, werden sie mit zunehmender Verschlackung immer brauner, dunkler, mitunter sogar fast schwarz. Teils sehen sie den Sommersprossen ähnlich, teils Muttermalen. Auch die „Leberflecken" gehören dazu. Ihre Größe reicht von Stecknadelkopf- bis Erbsen- oder Bohnengröße, aber auch ganze Flächen können braun werden, z. B. unter weiblichen Brüsten, an Oberschenkeln innen, um die Genitalgegend, an Sitzbeinknorren, nach Insektenstichen.

Kleine braune Flecken werden meist als Alterspigmentflecken bezeichnet, obwohl sie schon oft bei Jugendlichen auftreten. Sie entstehen durch Ausscheidung von solchem „Stoffwechselgerümpel" über die Haut nach außen, das normalerweise über andere Ausscheidungswege den Körper verläßt. Die Ursache für diese Umleitung liegt stets in einem Leistungsknick der „zuständigen" Ausscheidungsorgane. Dieser läßt den Ballaststoffspiegel in den Säften derart ansteigen, daß – wohl oder übel – ein Ausweg über die Haut erzwungen wird. Dabei dürfte es sich vor allem um Eiweißfäulnisprodukte wie Indikan u. a. handeln. Über die Haut ausgeschieden, ergeben sie mit dem Luftsauerstoff eine braune Farbreaktion. Auch Medikamentenbestandteile dürften derartige Befleckungen erzeugen.

Braune Ringe um die Augen sind häufig zu beobachten (s. Abb. 17, S. 180). In der fernöstlichen Naturheilkunde spricht man nach Ohsawa hierbei von Nierenringen. Diese sollen durch Ausscheidung von harnpflichtigen Stoffen über die Haut zustande kommen, da hier die Nieren nicht mehr in der Lage sein sollen, das Blut ausreichend von diesen Stoffen zu reinigen. Zweifellos sind die „Nierenringe" Kennzeichen einer erheblichen Verschlackung! Genaue Betrachtung des eigenen Gesichtes und der Handrücken läßt viele Menschen braune Flecken entdecken, ja sogar solche, die sie vor kurzer Zeit noch nicht besessen haben. Dies spricht für zunehmende Verschlackung! Daß bei wirksamer Blutreinigungskur sich diese Flecken aufhellen, ja z. T. ganz verschwinden, ergibt sich von selbst aus den beschriebenen Zusammenhängen. Genauso verständlich ist, daß die Zunahme solcher Verfleckung als Hinweis für eine bald durchzuführende Entschlackungskur aufzufassen ist.

Braune Flecken können außerdem bei innersekretorischen Störungen (bei Schwangerschaft) und bei seltenen Erkrankungen auftreten.

Mischformen

In der Regel treten die beschriebenen Formen der Hautverfärbung nicht allein für sich auf, sondern mehr oder weniger gemeinsam, nebeneinander oder übereinander, wobei allerdings häufig die eine oder andere Form deutlich überwiegt. Als Mischformen können wir im selben Gesicht grau verfärbte Schläfen, braune Fleckchen, blaurote Gefäßverästelungen und blaßgelben Hof um den Mund oder andere Kennzeichen nebeneinander beobachten. Ein Blick in den Spiegel wird dem intelligenten Beobachter jedenfalls aufklärende Hinweise vermitteln.

Oberflächenzeichen der Haut

Die Oberfläche der gesunden Haut ist nach F. X. Mayr samtartig, glatt, glänzend und rein. Abweichungen davon entstehen besonders oft durch schlechte Blut- und Säftebeschaffenheit. Zu diesen gehören die spröde, rissige, trockene, rauhe oder schmutzig aussehende Haut, ebenso die Haut, die ohne ersichtlichen Anlaß feucht, ja sogar mit klebrigem Schweiß bedeckt ist. Letzteres ist auf toxischen Erregungszustand der Schweißdrüsen zurückzuführen. Auch die eigentlichen Hauterkrankungen wie Akne, Ekzeme, Flechten und andere weisen darauf hin, daß in den Säften Stoffe kreisen, die „von innen nach außen schlagen", also Aus-schlag erzeugen.

Als Vergiftungsherd ist auch jede chronische seelische Fehleinstellung zum Leben oder seelische Dauerbelastung aufzufassen: Sie können das funktionelle Geschehen im Organismus derart aus dem Gleichgewicht bringen, daß Stoffwechselentgleisungen mit Giftentstehung zustandekommen. Der Arzt spricht dann oft von „vegetativer Dystonie", der Volksmund sagt aber von dem, der sich kränkt und ärgert, er „giftet" sich oder „es ihm etwas über die Leber gelaufen", oder „die Galle geht ihm über", was besagt, daß das Entgiftungsorgan Leber mit seinem Anhang Gallenblase die Kränkungsfolgen besonders zu spüren bekommt.

Die Spannkraft-Stadien der Haut

F. X. Mayr hat sieben unterschiedliche Stadien der Spannkraft der Haut beschrieben. Sie sind in der Ergänzungsbroschüre *Die Darmreinigung nach Dr. F. X. Mayr* besprochen und abgebildet. Ganz allgemein läßt sich dazu sagen: Je fester, praller und spannkräftiger die Haut noch ist, desto rascher werden durch die Säftereinigung Erfolge erzielt, je dünner, schlaffer und faltiger die Haut ist (Atrophie), desto mehr Geduld ist vonnöten, da hier bereits länger bestehende chronischere Schäden vorzuliegen pflegen.

Die Haare

Das Kopfhaar ist nach F. X. Mayr bei gesunden Säften seidig glänzend, elastisch und anschmiegsam. Der Zustand des Haares hängt ab von der Güte der Haarernährung, die von den Säften besorgt wird und von der Güte des Haaröls, welches die Talgdrüsen liefern.

Enthält das Blut abnorme Beimengungen, dann erfährt das Haaröl entsprechende Veränderungen seiner stofflichen Zusammensetzung. Es wird dickflüssiger und klebriger. Die Haare werden dadurch fettig, Staub- und Rußteile der Luft bleiben darin kleben und verursachen ein so schmutziges Aussehen, daß die Haare öfters gewaschen werden müssen (1. Schädigungsstadium). Besonders darmkranke Frauen klagen häufig über dieses Übel.

Bleibt der Säftezustand anhaltend schlecht, dann versiegt die Haarölproduktion immer mehr, das Haar wird trockener und spröder (toxischer Lähmungszustand der Haardrüsen). Darüber hinaus gestaltet sich die Ernährung des Haares quantitativ und qualitativ immer unzureichender, so daß ein glanzloses, mattes, struppigsprödes, trockenes Haar entsteht, welches leicht schuppt, dünner wird, bald abbricht oder ausfällt (2. Schädigungsstadium). F. X. Mayr hat diese Zusammenhänge in seinem Buch *Schönheit und Verdauung* [36] beschrieben.

Fingernägelzeichen

Gesunde Nägel sind kräftig, elastisch, glatt, glänzend, gut gewölbt, zeigen ausgeprägte weiße Monde und ansonsten wegen des durchschimmernden Blutes gleichmäßige Rosafärbung.

Die Beschaffenheit der Nägel läßt diagnostische Rückschlüsse zu. So kann die Stärke der Nägel auf den Zustand der Knochen hinweisen.

Kräftige, biegsame, elastische Nägel sprechen für kräftige, gesunde Knochen; dünne Nägel, biegsam wie Zelluloid oder Papier, oder leicht einreißende, abbrechende oder brüchige, spröde Nägel deuten auf schwache oder brüchige, spröde Knochen hin, denn: Ist das Blut zu arm an geeignetem Material zur Bildung einer normalen Nagelmasse, dann fehlt es ihm auch an knochenbildenden Substanzen. Die beschriebenen Nägel sprechen für Mangel an Kalk oder anderen Aufbaustoffen (Fehlernährung oder Resorptionsstörung durch geschädigten Verdauungsapparat).

Blasse Nägel sind Kennzeichen für Blutarmut.

Nägel mit blassem Feld (anämische Zone), das sind Nägel mit Normalfarbe, die bei leichtem Strecken der Finger in ihrer Mitte ein blasses Feld erkennen lassen, sprechen für mangelhaften Blutzustand, für toxisch bedingten Kapillarspasmus (Erregungszustand der Gefäßnerven), welcher das blasse Feld hervorruft. Sehr häufig!

Hochrote bis blaurote Nägel sind durch Blutüberfüllung des Nagelbettes, durch Kapillarerschlaffung (Lähmungszustand der Gefäßnerven) verursacht. Bei „vollblütigen Menschen mit Heftigkeitsneigung" häufig sehr ausgeprägt, zeigt sich diese Veränderung häufiger als:

Zarte blaurote Tönung der Nagelfarbe. Sie spricht für Kohlensäureüberladung, Sauerstoffmangel des Blutes, Kreislaufschwäche. Ein blaurötlich getönter Mund weist ebenfalls auf Schwäche der Kreislaufmotoren (Herz usw.) hin.

Längsriffelung und Querriffelung zeigt gröbere Ernährungsstörungen des Nagels auf, meist bedingt durch mangelhaften Blutzustand, verursacht durch Verdauungsschäden. Nach Issbernerhaldane [37] verraten Längslinien Darmerschlaffung, während wellige Querrillen (Berge und Täler) durch Unreinigkeiten im Blut und Ausscheidung von Schlacken in die Nagelsubstanz bedingt sind.

Weiße Flecken oder Punkte (sog. Glückszeichen) entstehen durch Hohlraumbildung bei gestörtem Nagelwachstum als Folge von Stoffwechselstörungen sowie durch Ausscheidung von Unreinheiten.

Sonderformen von Trommelschläger- bis Suppenlöffelnägel kommen bei bestimmten seltenen Erkrankungen vor, wie bei manchen schweren Herzfehlern, Bronchialleiden (Bronchiektasien) u. a.

Besonders lehrreich ist die Beobachtung der Nagelfarbe bei anämischen Zonen und bei zart blauroten Tönungen. Diese verändern sich häufig, entsprechend dem jeweiligen Zustand des Blutes. Oft genügt eine kleine Wanderung, um die Blutbeschaffenheit zu verbessern. Ein Blick auf die Fingernägel läßt dies ebenso ablesen wie eine Verschlechterung des Blutzustandes, welche z. B. als Folge von Übermüdung, Nikotinmißbrauch usw. aufgetreten ist.

Zungenzeichen

Die gesunde Zunge ist gleichmäßig rot, in der Farbe des Blutes, ohne Belag und feuchtglänzend.

Zungenbelag entsteht, wenn der Speichel als Reinigungssaft des Blutes mehr an Giftstoffen enthält als dies normalerweise der Fall sein sollte. Da beständig ein Teil der Flüssigkeit des Speichels verdunstet, vor allem über Nacht, gar wenn mit offenem Mund geatmet wird, schlagen sich organische Bestandteile, welche als Folge der gesteigerten Säftereinigung vermehrt in den Speichel gelangt sind, nieder und überziehen die Oberfläche von Schleimhaut, Zähnen und Zunge als Belag. Die Stärke dieses Belages weist auf die Intensität der Säftereinigung über den Speichel hin. Der Zungen- und Mundhöhlenbelag wird leicht zum Nährboden für verschiedene Bakterien und spielt daher bei der Entstehung von Zahnfäule (Karies) und Erkrankungen der Mundhöhle und Mandeln eine maßgebliche Rolle.

Fehlender Zungenbelag allein darf aber keineswegs immer als Zeichen eines guten Säftezustandes gewertet werden. Bei langwährender Säfteverderbnis können die Speicheldrüsen verkümmern und die Speichelproduktion derart versiegen, daß der Speichel für die Säftereinigung ausfällt. In diesen Fällen entsteht trotz schlechten Säftezustandes kein Zungenbelag.

Besonders häßlicher, dicker Zungenbelag spricht für ausgeprägte Säfteverunreinigung, besonders bei schweren Magen-Darm-Krankheiten. Tritt solcher Belag jedoch im Verlaufe einer Blutreinigungskur auf, dann stellt das kein Zeichen für die Verschlechterung des Zustandes dar, sondern beweist eine erfolgreiche innere Reinigung. Dieser Belag verschwindet später wieder.

Eine trockene Zunge, gar wenn sie mit dickem, weißem und trockenem Belag versehen ist, spricht für schwere akute Prozesse im Bauchraum, wie schwere akute Magenentzündung, Bauchfellentzündung und hochgradigen Vergiftungszustand.

Zahneindrücke an der Zunge sprechen für Zungenödem, Quellungszustand der Zunge, meist bedingt durch mangelhaften Säfte- und Kreislaufzustand.

Außer diesen Erscheinungen gibt es zahlreiche andere Zungensymptome wie:

die „Himbeerzunge“ bei Scharlach, die „Erdbeerzunge“ bei Influenza, die „schwarze Zunge“ bei Verhornung der Zungenpapillen, die glatte, düsterrote „Huntersche Zunge“ bei perniziöser Anämie, die Landkartenzunge (wahrscheinlich bei bestimmten Leberschäden) und die hochrote, vielfach zerrissene und zerklüftete Zunge, die von manchen als Ausdruck allgemeiner Übersäuerung aufgefaßt wird.

Gerüche

Auf die diagnostische Bedeutung der Gerüche wurde schon mehrfach hingewiesen. Hier sei zusammengefaßt: „Krankheit ist Gestank, Gesundheit ist Wohlgeruch."

Die Richtigkeit dieses Ausspruches können vor allem jene bestätigen, die einmal Fasten- oder Darmreinigungskuren am eigenen Leibe erlebt haben. Gerade hierbei können alle Körperausscheidungen durch Abgang des vielfach zersetzten „Stoffwechselgerümpels" vorübergehend übel riechen, was vor allem von den Darmausscheidungen gilt.

Auch außerhalb einer säftereinigenden Behandlung läßt der Geruch der ausgeatmeten Luft, des Schweißes, des Harns, des Stuhls, der Menses usw. Rückschlüsse auf den Zustand der Säfte zu. Nach gelungener innerer Reinigung verlieren diese Ausscheidungen das Krankhafte und Abstoßende ihres Geruches. es tritt wieder der frische Wohlgeruch des Gesunden auf.

Zusammenfassung

Die Gesundheit des Organismus, seiner Zellen und Organe hängt weitgehend vom Zustand seines Blutes und seiner übrigen Säfte ab.

Daher heißt es auch:

- **Du bist so jung und so gesund, wie es dein Blut und deine Körpersäfte sind!**
- **Die Qualität von Blut und Säften richtet sich nach der Beschaffenheit der Verdauungsvorgänge, wie sich die Qualität des Trinkwassers nach der Beschaffenheit des Waldbodens und Grundwassers richtet.**

Daher heißt es auch:

- **Wie der Darmsaft beschaffen ist, so ist das Blut, und wie das Blut beschaffen ist, so ist das Fleisch (Gewebe).**

- **Fehlerhafte Ernährungsweise** (zu viel, zu oft, zu schlampig usw. gegessen) **schädigt den Verdauungsapparat und verschlechtert den Zustand aller Säfte.**
- **Ungesunde Gewohnheiten und sonstige Fehler vermindern die Qualität der Säfte und treiben den Menschen langsam aber sicher dem Krankheitsausbruch entgegen.**
- **Krankheiten sind Giftabwehrkämpfe des Organismus, Versuche der Natur, schädliche Stoffe auszuscheiden oder zu vernichten.**
- **Jeder Mensch, auch wenn er sich gesund wähnt, benötigt regelmäßige Regeneration seines Organismus.** Vorbeugen ist besser als heilen!
- **Einem großen Teil der halbkranken und kranken Menschen wäre entscheidend zu helfen,** würden sie sich nicht auf Medikamente **allein** verlassen. **Besser wäre es:**
- **Gesundheitsstörende Fehler abzustellen!** (Kräfteraubbau, Übermüdung, Nikotin, Coffein, Alkohol usw.)
- **Neuordnung der Ernährungsweise durchzuführen!** (Eßkultur, Regelung der Mahlzeiten usw.)
- **Neuordnung der Lebensweise herzustellen!** (Geordneter Zeitplan, Regelmäßigkeit, frühes Schlafengehen usw.)
- **Gesundheitserhaltende Körperpflege zu betreiben!** (Anwendung von Luft, Wasser, Bewegung usw.)
- **In regelmäßigen Abständen eine Blut- und Säftereinigungskur,** wie Mayr-Kur oder Milde Ableitungskur, **durchzuführen!**

Möge das vorliegende Buch dazu beitragen, vielen Suchenden die Grundgesetze echter Gesundung nahezubringen und sie durch erfolgreiche praktische Anwendung einer höheren Gesundheit entgegenzuführen!

Abb. 9: Wünschelrute vor und während Kontakt mit unterirdischer Wasserader

Eine bislang unbekannte Kontaktausstrahlung

Literatur und Quellennachweis

[1] *Rosendorff, A.:* Neue Erkenntnisse der Naturheilbehandlung aus fünfzigjähriger Praxis. Turm Verlag, Bietigheim/ Württ. 1961.

[2] *Salmanoff, A.:* Geheimnisvolle Weisheit des Leibes. Karl F. Haug Verlag, Ulm/Donau 1961.

[3] *Gordonoff, T.:* Unbeabsichtigte Auswirkungen medikamentöser Therapie. Erfahrungsheilkunde **13** (1964) 115–121.

[4] *Reckeweg, H. H.:* Die Homotoxinlehre. Aurelia-Verlag, Baden-Baden 1961.

[5] *Rauch, E.:* Natur-Heilbehandlung der Erkältungs- und Infektionskrankheiten. Karl F. Haug Verlag, Heidelberg.

[6] Kleine Leseapotheke. Hyperion Verlag, Freiburg/Breisgau.

[7] *Rohloffs, Rodrian; Pirlet:* Intestinale Autointoxikation und Kanzerogenese. Münch. med. Wschr. **118** (1976) Nr. 41.

[8] *Prof. Dr. L. Wendt:* Gesundwerden durch Abbau von Eiweißüberschüssen. Erfahrungsheilkunde **32** (1983) 837–850.

[9] *Rauch/Kruletz:* Heilkräuter-Kuren. Karl F. Haug Verlag, Heidelberg.

[10] *Rauch, E. und Mayr, P.:* Milde Ableitungsdiät. Karl F. Haug Verlag, Heidelberg.

[11] *Kuhne, L.:* Die neue Heilwissenschaft. 23. Auflage. Selbstverlag, Leipzig 1896. (Neuauflage: Turm-Verlag, Bietigheim/Württ. 1966.)

[12] *Rosendorff, A.:* Neue Erkenntnisse der Naturheilbehandlung aus fünfzigjähriger Praxis. Turm Verlag, Bietigheim/Württ. 1961.

[13] *Mordhorst, G.:* Die Ableitung über die Haut zur Unterstützung von Regenerationskuren. Diaita **13** (1967), 6:12.

[14] *Brauchle, A.:* Naturheilkunde des praktischen Arztes. Hippokrates, Stuttgart.

[15] Näheres in *Brauchle, A.:* Naturheilkunde des praktischen Arztes. Hippokrates, Stuttgart.

[16] *Krack, N.:* Nasale Reflextherapie mit ätherischen Ölen. Karl F. Haug Verlag, Heidelberg.

[17] *Abele, U.* und *Stiefvater, E. W.:* Aschner-Fibel. Die wirkungsvollsten konstitutionstherapeutischen Methoden nach Aschner. Karl F. Haug Verlag, Heidelberg.

[18] *Rauch, E., Kruletz, P.:* Heilkräuter-Kuren. Karl F. Haug Verlag, Heidelberg.

[19] *Rauch, E.:* Autosuggestion und Heilung. Karl F. Haug Verlag, Heidelberg.

[20] *Dr. Hartmann, E.:* Krankheit als Standortproblem. Karl F. Haug Verlag, Heidelberg 1967.

Dr. Aschoff, D.: Geopathische Fälle aus der ärztlichen Praxis. Paffrath-Druck, Remscheid 1975.

Bachler, K.: Erfahrungen einer Rutengängerin. Veritas. Linz, Wien, Passau 1987.

Dr. Curry, M.: Der Schlüssel zum Leben. Schweizer Druck- u. Verlagshaus Zürich 1969.

Prof. Worsch, E.: Erdstrahlen und deren Einfluß auf die Gesundheit. Verlag f. Sammler, Graz 1995.

Weitere Literatur findet sich im neun Seiten langen Literaturverzeichnis des zuletzt angeführten Buches. Die Bedeutung geopathischer Belastungen geht auch sehr deutlich hervor aus:

Rauscher, W. H.: Tödliche Mykosen. Fidelitas, Karlsruhe, 1992.

Rauscher, W. H.: Erfolgreiche biologische Krebstherapie. Fidelitas, Karlsruhe, Sophienstr. 114, 1993.

[21] *Kollath, W.:* Lehrbuch der Hygiene. Hirzel-Verlag, Leipzig.

[22] *Professor Dr. Wendt:* Die WendtTherapie. Harper und Row, Bussum, NL.

[23] *Rauch/Mayr:* Milde Ableitungsdiät. Karl F. Haug Verlag, Heidelberg

[24] Medical Tribune Nr. 21 vom 22. 5. 1981.

[25] *Brauchle, A.:* Naturheilkunde des praktischen Arztes, Bd. II. Hippokrates, Stuttgart 1953.

[26] *Rauch, E.:* Natur-Heilbehandlung der Erkältungs- und Infektionskrankheiten. Karl F. Haug Verlag, Heidelberg.

[27] *Rosendorff, A.:* Neue Erkenntnisse der Natur-Heilbehandlung. Turm-Verlag, Bietigheim/Württ. 1961.

[28] *Rauch, E.:* Natur-Heilbehandlung der Erkältungs- und Infektionskrankheiten. Karl F. Haug Verlag, Heidelberg. In dieser Schrift wird detailliert auf die Behandlung der verschiedenen Kinder- und Infektionskrankheiten eingegangen.

[29] *Buchinger, O.:* Das Heilfasten. Hippokrates, Stuttgart.

Brauchle, A.: Naturheilkunde des praktischen Arztes. Hippokrates, Stuttgart.

Beck, E. O.: Naturgemäße Behandlung akuter Erkrankungen. 2. Auflage. Karl F. Haug Verlag, Ulm/Donau 1945.

Rosendorff, A.: Neue Erkenntnisse der Naturheilbehandlung. Turm-Verlag, Bietigheim/Württemberg 1961.

Kuhne, L.: Die neue Heilwissenschaft, 23. Aufl. Eigenverlag, Leipzig 1896.

Kraus, Th.: Die Grundgesetze der JSO-Komplex-Heilweise. J. Sonntag-Verlag, Regensburg 1956.

Schriften von F. X. Mayr und über die Methode Mayr, in *Rauch, E.:* Die Darmreinigung nach F. X. Mayr.

[30] *Rauch, E.:* Natur-Heilbehandlung der Erkältungs- und Infektionskankheiten. Karl F. Haug Verlag, Heidelberg.

[31] Bô Yin Râ – Schneiderfranken: Leben im Licht. Kobersche Verlagsbuchhandlung, Basel.

[32] *Rauch, E.:* Autosuggestion und Heilung. Karl F. Haug Verlag, Heidelberg.

[33] *Rauch, E.:* Anleitungsheft für Autosuggestion. Karl F. Haug Verlag, Heidelberg.

[34] *Mayr, F. X.:* Fundamente zur Diagnostik der Verdauungskrankheiten. Verlag Neues Leben, Goisern (Österreich)., Die Darmträgheit, 3. Auflage. Verlag Neues Leben, Goisern (Österreich) 1953., Schönheit und Verdauung. 2. Auflage. Verlag Neues Leben, Goisern (Österreich) 1952.

Rauch, E.: Die Darmreinigung nach Dr. F. X. Mayr. Karl F. Haug Verlag, Heidelberg.

[35] *De Kruif, P.:* in „Das Beste aus Readers Digest“. März 1958.

[36] *Mayr, F. X.:* Schönheit und Verdauung. Verlag Neues Leben, Goisern (Österreich) 1954.

[37] *Issberner-Haldane, E.:* Die medizinische Hand- und Nageldiagnostik. Falken-Verlag, Berlin.

Stichwortverzeichnis